孝行天下

——走近我们的父亲母亲

郑家军　韩明哲◎著

图书在版编目（CIP）数据

孝行天下：走近我们的父亲母亲 / 郑家军, 韩明哲
著. -- 北京：中华工商联合出版社, 2018.9
ISBN 978-7-5158-2418-5

Ⅰ.①孝… Ⅱ.①郑… ②韩… Ⅲ.①孝—文化—中
国 Ⅳ.①B823.1

中国版本图书馆CIP数据核字（2018）第225912号

孝行天下：走近我们的父亲母亲（四色彩图版）

作　　者：	郑家军　韩明哲
责任编辑：	吕　莺　董　婧
责任审读：	李　征
责任印制：	迈致红
出版发行：	中华工商联合出版社有限责任公司
印　　刷：	北京市梨园彩印厂
版　　次：	2019年3月第1版
印　　次：	2019年3月第1次印刷
开　　本：	710mm×1020mm　1/16
字　　数：	140千字
印　　张：	13.5
书　　号：	ISBN 978-7-5158-2418-5
定　　价：	68.00元

服务热线： 010-58301130
销售热线： 010-58302813
地址邮编： 北京市西城区西环广场A座
　　　　　　19-20层，100044
http://www.chgslcbs.cn
E-mail: cicap1202@sina.com（营销中心）
E-mail: gslzbs@sina.com（总编室）

谨以此书献给我的父亲母亲及天下父母

追　求

怒涛滚滚采涟漪

天山峭壁寻雪莲

人生短暂需珍惜

倾心追求莫悲嗟

——郑家军

目录

第 1 章　父母的今天就是我们的明天 / 1

要知亲恩，看你儿郎；要求子顺，先孝爹娘。

想一想等你老了之后想过什么样的生活，你就应该了解父母现在想要的生活。如果我们希望老了以后儿女能经常来陪我们，能和我们建立良好关系，那么，我们作为儿女，现在就要对父母做同样的事情。

第 2 章　不提要求不代表父母没有需求 / 17

想父母之所想，急父母之所急。

在父母心中，任何需求都胜不过他们对子女的爱，给子女更多的爱，是父母内心最大的需求。

1

第15章　以循环的爱温暖父母的心

> 我们要培养和父母的亲密关系，培养有孝心的后一代。

> 为何儿女对父母要求越来越多，父母对儿女的要求越来越少？伟大的爱需要平衡，平衡不光是个人感情、家庭关系，平衡还应有孝道文化。

什么是孝？为什么要孝？

中华家风家道，传承于中华文明数千年的历史长河；中华孝道智慧，深深影响着每一个炎黄子孙。无论对于个人的发展，还是对于我们整个民族的进步，孝道文化所起到的作用都是相当重要的。

生活中，我们经常听到"百善孝为先"、"孝是生命之源"之类的话。但有些人对孝的认识，可能还停留在一定的阶段。我们都知道孝是中华传统文化提倡的行为，指儿女的行为不应该违背父母、家里的长辈以及先人的心意，是一种稳定伦常关系的表现，孝是一个人立足于社会最重要的基石。那么什么是孝，为什么要孝，每一个做子女的是不是应该拿出更多的时间和精力去做行孝父母的事呢？

孝，从根本上抓住了人伦的主题。"孝"是个会意字，上"老"下"子"，即长幼尊卑的次序礼节，可以说，没有孝，就没有人类的传承。中国古话说，"百善孝为先"，孝为什么会成为百善之首呢？因为没有孝，就没有根本，就没有人类传承。子女为孝，将父母赡养终老；父母应慈，把子女养育成人。人栽果树，树领受天地雨水日光，必然开花结果，而开花结果就是感恩。人参果树虽是金贵的树种，但也会三万年一开花，三万年一结果，可见天地之间没有受滋养而不报答的道理。

孝乃天经地义。中国人对于孝的解释，有很多观点，其中蕴藏的智慧也是包含多个方面和多种层次的。但是无论怎样，人们对于孝都会有一个共识，即唯有做一个知孝的人，才能够成为一个更好的人；唯有成为一个尽孝的人，才能构建幸福、美好的人生。世界首富比尔·盖茨曾谈到，天下最不能等待的事是孝顺。他不止一次提到，做一个孝顺的人，对于人生成就的影响之大。中国的一些成功人士、知名企业家，乃至整个国家和社会，也一直在践行、推广孝道文化，倡导人们行孝。

孝是生命之源，是人生成就的基石，虽然每个人对于孝的想法可能都不一样，尽孝的方式也不尽相同，但如果我们尽孝就会让父母感到快乐，让父母脸上露出笑容，我们自己也会成为一个彬彬君子我想，这也是"孝"很重要的一个定义，那就是让父母拥有真正的快乐。当然，如果我们对孝道智慧做更深入的研究，还会发现其实它与事物的发展规律，与生命和人生的状态都有着必然的联系。换言之，孝不仅是个人构建幸福的基石，也是一个组织、一个家庭、一家企业获得成功的关键。人的生命之中许多的成功、收获、幸福、快乐都与孝道有着密切的关联，而生活中、事业中出现许多问题的困惑，也总能从孝道智慧中得到解答。比如：

> 如何以孝道智慧解决家庭问题，企业问题？
>
> 孝道反映了哪些自然规律的奥秘？
>
> 如何通过学习孝道找到人生的真正意义？
>
> 为什么说"孝"是生命之源、立命之根？
>
> ……

上述这些问题，我们都需要通过了解和践行孝道智慧，才能找到答案。而我写此书的初衷，也是为了让大家对"孝"有更充分的认识。我在书中以我和父母之间发生的一些平凡而真实的故事，来阐明"孝"的真谛，同时提供一些"行孝"的方法，以便将"孝"践行于每日的生活中。我衷心希望这本书能够带给读者一些新的启发，对于读者在尽孝、行孝的过程中遇到的一些问题提供帮助和解答。

父亲的话

这次我的儿子郑家军出书，我和他的母亲都很意外，也很高兴。孩子从小到大吃了很多苦，我们做父母的没有帮上什么忙，能做出今天的成绩全靠他自己。

家军从小就是一个很懂事的孩子，没有让我们操心。他学习努力，不抱怨，不攀比，很善良，很孝顺，不忘本，知道回报家乡。作为父亲我很欣慰的是，一些老邻居从城里回来，跟我们讲遇到了我们的儿子，他把他们送到车站，还为他们买了回家的车票。我觉得儿子这一点做得很好，人无论走到哪一步都不能忘记过去，要懂得感恩。儿子回老家时会去看望村里的老人，给他们一些经济上的帮助，这些做法我都非常认同。

为了配合家军写这本书，我和他母亲还专门去拍了结婚纪念照，这是我们人生中第一次拍婚纱照。我们还接受了来自北京的作家的采访，也是人生中第一次面对镜头，回忆了一些往事和难忘的经历。

郑家军父亲母亲

　　我和家军母亲都是农民，家军母亲家兄弟姐妹八个，我们家兄弟姐妹六个，我们双方家里都很穷，所以结婚的时候生活苦得要命。在我十五岁的时候我的爸爸去世了，我十六岁开始到"生产队"挣公分，那个时候我算是有"面子"的，可以一个人做三份工，一份工可以赚五毛钱。我每天拼命干活，但光靠劳动是吃不饱肚子的。记得当时村子里有一个开店的人，他进货的时候我去给他挑货，有酒、盐和一些其他的货品，一共一百五十多斤，四毛钱一斤，为了赚六毛钱，我要挑着货品走七里多路，晚上出发，走了一半天黑了就住在山腰的牛棚里，天亮了继续赶路，送完货之后还要按时参加第二天的劳动。

　　在我们村子里，我是干活非常快的一个人，别看我个子不高，但很有力气，一百多斤的货物扛在肩上，走十几里路不成问题。在我刚进"生产队"的时候，我听到一起干活的几个人说我们家的这些兄弟没有一个会种田，我不服气跟他们争吵，他们还打了我。虽然后来他们向我母亲道了歉，但是我把这件事情放在心里了。从那以后，我一夏天都挨着打我的那些人干活，每天跟着他们。有一次种田，我跟他们打赌看谁先种完，他们没把我放在眼里，结果我赢得他们心服口服。那些人确实也是种田的好手，但我一个个把他们比下来，后来他们都向我竖起了大拇指，对我刮目相看，还推举我当了队长。我这个人有一个习惯，我做事不喜欢用嘴讲，我都是自己做给别人看。生产队里种麦子，麦粒打掉之后剩下的麦秆要挑出去卖，我一担挑了二百三十七斤。挑麦秆和挑其他货物不一样，面积很大，路很窄，走路的时候如果不小心碰到障碍物，很容易掉进河里。我挑到地方让对方清点，他看我个子小，不相信我一人能挑起这么多的麦秆，反复清点了三次才确定收货。

我任劳任怨地工作，因为家里有老有小，作为男人我必须成为家里的顶梁柱。十八九岁的时候，我就离开村子，到处找活干，到江西和安徽的砖厂去挑砖头，一天能挑一千四五百斤，赚两三块钱。我还给砖厂烧砖，吃住都在砖窑里，有一次我三天三夜没睡觉，一个人把一窑的砖烧好，浑身上下都是烟灰，最后眼睛里都是灰，要用湿毛巾去擦眼球才能睁开眼，但是因为多赚了几块钱，心里还是特别高兴。

后来我到了温州的工地上打工，盖一栋八层高的房子，所有的砖都是我一个人挑，我经常从白天挑到晚上，从晚上挑到天亮……

苦是吃了很多，但还是赚不到钱。尤其在家军上学之后，我和他妈妈的收入还不够供他读书。从小学到初中，从高中到大学，除了给他很有限的学费，我们没有给他买过一个本、一支笔，都是靠他自己努力学习获得学校和老师的奖励，靠奖学金和勤工俭学完成了学业。

现在我们一家人过上了好日子，回头想想当年吃过的苦，我认为是值得的，尤其坚持让家军读书这件事，可以说是我和家军妈妈一生中最正确的决定。我和家军妈妈都没读过书，没有文化，所以再苦再累也要让孩子上学，对此我们的想法完全一致。记得曾经有邻居劝我们别让孩子读书了，他说："我们家的儿子在外面打工，自己都可以存钱了，如果将来家军书读不出来，回家了连活都不会干，拿什么养活自己？"

其实我和家军妈妈并不是一定要让孩子靠读书走出去，我们只是想既然他喜欢读书，我们就尽可能地为他创造条件。不过话说回来，当我看到家军学习那么刻苦，他让我在桌子前面钉个钉子，这样他困了一低头就会被钉子扎醒，我就相信他将来一定能考上大学。后来他果然实现了上大学的梦想，成为了村里唯一的一个大学生，靠读书改变了人生命运，让村民们看到了改变命运的另一种希望。

当然，儿子也是我们永远的骄傲，我们也希望他的经历能给更多的人带来激励和启迪。

母亲的话

我十九岁跟老公结婚，过门之后，我们分到了两个碗和十二斤玉米面，从此开始了艰苦的家庭生活。在我过门的第二天，村里的会计到我们家里来，对我说："你老公没有父亲，你只有个婆婆，未来生活要靠你们自己。"那天我做了结婚后的第一顿饭，没有油，没有盐，只有一些野菜拌着玉米糊吃。

后来我怀了家军，照常上山干活，村里有个人管我叫姑姑，她看到我怀孕了还那么辛苦，就劝我回去休息，可是不干活就没有饭吃，如果我回去了，日子就真的过不下去了。

我生家军那天晚上，村里放电影，电影放完了我还没有生出来，因为我饿得头晕眼花，一点力气都没有。

家军从小喜欢读书，上小学的时候因为年龄不够，他哭着从学校跑回来求我跟老师商量，能不能提前让他上学。老师来到我们家，我把孩子的表现讲给老师听。那位老师人很好，很

父亲和母亲

善良，她答应我们让家军到学校去"跟读"，我们对她一直心怀感激。

上初中的时候，儿子没有衣服穿，我去嫂子家给他借了一套衣服，又把家里唯一的一头猪卖了一百块钱，买了一辆自行车，在车后面扶了他一星期，帮他学会了骑自行车，让他能自己骑车到学校去。

那段时间，我每天三点钟起床去割猪草，把猪喂好之后就带上一些煮红薯去山上砍秸秆卖钱。记得有一次，我把砍好的秸秆往山下运时不小心滑倒了，手按在地上，手掌被秸秆穿透了。还好有邻居在，要是没有她帮我，那次我一个人是回不去了。她帮我把秸秆从手掌里拔出来，我用嚼碎了的草把伤口堵住，缠起来。即使在这样的情况下，我还是舍不得丢下秸秆，于是用一只手把一百二十多斤的秸秆扛回了家，为的就是多赚一点钱给家军读书用。

家军以优异的成绩考进了县重点高中，我很高兴，但是没有钱交学费。家军躺在床上闷声哭，说家里没钱，他不去上学了。我安慰他不要哭，跟他说爸爸在外面打工，我出去借钱，肯定会让他读书的。上了高中之后，我怕他吃不饱，每个月送一次炒好的梅干菜给他，从家里到学校往返一百多里路，我骑自行车一大早出发，很晚才回来，就是想尽我所能地给他多一些关心。

后来，家军又考上了大学。我们村从来没有人考上过大学，村里的老人说我们有福气，大家都跟着高兴。但是我们拿不出学费，为了能让家军上大学，我也跟着老公一起出来打工。我们在杭州的工地上干活，老公每天能赚三十块钱，我能赚二十五块钱。我跟老板说："有活一定要找我们，我们身体很好，可以多干一些。"老板人很好，叫我们晚上去加班，这样我们就又多了一些收入。

当时，我和老公每天花五毛钱买一碗豆腐汤，两个人吃一天。说实话我们都吃不饱，但是我们甘愿忍饥挨饿，为了让孩子上学，父母肯定是要付出一些辛苦的。

有时候家军会来工地上看我们，看到我在十八层楼上拉沙子、搬砖头，他哭得特别伤心，一直跟我们说"不要太辛苦，学费不够先找人借一些，等他毕业赚钱了来还"。有一次，我们的工资还没发，但儿子急着要交学费，我就找工地上的一个跟我们一起干活的小伙子借一千块钱，他人很好，特地跑到银行把钱取给我们。后来我们把钱还给他，请他吃饭他也不肯去。这个小伙子我在心里一直都很感激他。

家军大学刚毕业的时候，吃了不少苦。他刚参加工作，身上没有钱，也没有人帮他，连请客户吃饭的钱都没有，很艰难，所有困难都是他自己克服的。后来他凭借着自己的努力，在社会上一步步打拼，有了自己的事业和家庭，现在生活得很幸福。作为父母，我们也是看在眼里，喜在心上。

时间过得很快，一转眼几十年过去了。回忆这些年来走过的路，我很心疼儿子，他靠自己闯出一片天地真的很不容易。他从来没有埋怨过我们，对我们一直都很体谅。除了我们做父母的能给他一点点支持，还有很多人帮助了他——他的老师、他的同学、他的朋友和同事。我们希望家军能更多地去回馈大家，以感恩的心对待那些曾经关心和照顾他的人，同时我们也希望他能照顾好自己，工作上不要那么辛苦。如今我们老了，帮不上儿子什么了，但是我们会一直相信儿子、支持儿子，就像儿子小时候一样，永远给予儿子我们全部的爱。

作家　吴锦珠

朝念父志 暮思母恩

父恩比山高，母恩比海深。古人道世界上有两件事情不能等：一是孝，二是行善。

百善孝为先，孝乃治世之基，立身之本，孝为培育道德之摇篮，推行政治之利器。小孝是孝亲，大孝是孝国。

在青年才俊、大孝子家军老师的新书《孝行天下——走近我们的父母亲》即将付印前，我于字里行间细细品味他孝行孝道，感受到他的孝心向一股暖流流进我的心扉，带给我炽热的感动！

身为此书的总顾问，当我读书里的内容时，常常因感动而热泪盈眶！从慈祥和蔼、坚毅勇敢、不畏艰难、爱子如命的家军父母身上，我感悟到了这样的道理：一个人虽然没有选择出生环境的权利，但却有改变生活环境的权利。任何的限制，都是从自己的内心开始的，因此想要改变，想要超越别人，首先要超越自己。人只要有斗志，不怕没战场。

家军的父母虽然出生在艰难的环境中，但他们非常积极努力、乐观开朗，从不向命运低头。在每一次的奋斗中，他们都能看到其中蕴藏的希望。为让从小天资聪明、勤奋向学的宝贝儿子家军能顺利完成学业，他们发挥了"夫妻一条心，泥土变黄金"的超常能力，让两粒种子最终成为了一片森林。他们拼命工作，节衣缩食，一碗豆腐汤夫妻两人凑合着当三餐，即使饿得饥肠辘辘，即使工作得再苦再累，也咬牙苦撑，目的是让争气的儿子达到自己的目标——成为大学生！他们平凡而伟大，他们是千千万万中国父母养育子女的缩影。

　　家军老师的父亲曾说："我们夫妻因为家里贫穷，没有读过书。但坚持让家军读书这件事，可以说是我和爱人一生中最正确的决定。"在读到这段话的时候，我仿佛能看到这位父亲脸上露出骄傲的灿烂笑容，因为他们的宝贝儿子家军真正做到了"光宗耀祖"，成为了村子里唯一的大学生，靠读书改变了人生命运，让村民们看到了改变命运的另一种希望！

　　家军老师的父母深知，不论环境多么艰苦，就算四处借钱，也一定让儿子读书，因为宁可辛苦一阵子，也不要苦一辈子，唯有读书才能改变命运。事实证明他们的选择是对的，为此他们获得了丰厚的回报！

　　家军老师一家的奋斗经历告诉我们：现在站在什么地方不重要，重要的是你往什么方向前进。人要有不服输的强大精神，要为成功找方法，不为失败找借口。人只要不给自己设限，人生中就没有限制你的藩篱。常言道：有志者，事竟成；苦心人，天不负。改变命运的路是靠人的双脚走出来。人生最大的喜悦是，当所有人都说你做不到时，你却凭自己的努力做到了！

家军老师从小深受父母坚强乐观、刻苦耐劳精神的影响，他深知：只有在天空最暗的时候，才可以看到天上的星星。人之所以能，是相信能。人多一点努力，就多一点成功。

在总结自己的成功经验时，家军老师特别强调孝顺的重要性。那么，什么是孝？古今中外的名人这样说：

孝有三：大尊尊亲，其次弗辱，其下能养。孝子之养也，乐其心，不违其志。——《礼记》

身体发肤受之父母，不敢毁伤，孝之始也。——《孝经》

父母之所爱亦爱之，父母之所敬亦敬之。——孔子

老吾老，以及人之老；幼吾幼，以及人之幼。天下可运于掌。——孟子

事其亲者，不择地而安之，孝之至也。——庄子

一个天生自然的人爱他的孩子，一个有教养的人定爱他的父母。——林语堂

我们体贴老人，要像对待孩子一样。——歌德

老年人犹如历史和戏剧，可供我们生活的参考。——西塞罗

老人受尊敬，是人类精神最美好的一种表现。——司汤达

一父对于十子之至情，较之十子对于一父之至情更

深。——德国谚语

不孝父母，而尽情于他人，无益也。——苏格拉底

历史告诉我们，亲恩深如大海，高似泰山。子孝双亲乐，家和万事成。无瑕之玉，可为国瑞；孝悌之子，可为家宝。人之德行，莫大于孝。

家有一老，如有一宝。孝顺是对父母的教训要接受，对父母的心意要体贴，对父母的健康要留意，对父母的事业要协助。孝顺就是要趁父母健在时多陪伴。饮其水，思其源，为人当不忘根本，为子当不忘父母恩。

而孝道文化，就是关爱父母长辈、尊老敬老的一种文化传统，中华民族自古以来就倡导"以孝治天下"，在传统的儒家思想里，孝道是做人最重要的准则。家军老师希望借由《孝行天下》一书，弘扬"百善孝为先"的中华文化精髓和"爱要及时"的孝亲思想，发扬中华孝道优良文化，弘扬社会正能量。

祝愿天下千家万户的父母，都能像家军老师的父母一样幸福！希望广大读者能从书中感悟到孝道文化的真谛！

念 亲 恩

我的父亲和母亲都是淳朴的农民，大半辈子都在为生活奔波劳碌，而生活中最让他们操心的就是我们这双儿女了。我作为家里的男孩，更是让他们付出了所有的精力，消耗了他们的青春和健康。

我出生在农村，是当时村子里唯一的大学生，在我上学的时候，村里人以外出打工为荣，他们觉得那才是唯一的出路，甚至觉得小伙子年纪轻轻不去打工赚钱、非要上学是一种自私的行为，因为不能为家里分担压力，为父母减轻负担。面对这些观念，我父母顶着经济和舆论的压力，坚持让我上学。我能有今天的成就，全靠父母的支持和付出。

我从小热爱读书，上小学的时候因为年龄不够，学校拒绝接收，是母亲恳求老师让我有了提前走进校园的机会，当时家里很穷，父母每天艰苦劳作都是为了供我上学；读初中的时候，母亲怕我吃不饱，骑着自行车跑65里山路给我送梅干菜；

读高中和大学的时候，父母在工地上打工，日夜辛勤工作，为的就是让我可以完成学业。

从步入社会到今天，我终于有能力回报他们，但是当我以为自己可以给到他们想要的全部的时候，我才发现自己所做的还远远不够。每次看到父母因为年轻时拼命工作留下的疾病而饱受痛苦，我心中充满了愧疚，虽然许多父母为了孩子可能都会这么做，但我的内心对他们除了无尽的感恩，还有深深的内疚，因为他们为我做出的牺牲实在是太大了。

父爱母爱之伟大，儿女一生无以回报。父母用朴实而善良、满是老茧和伤疤的双手托起了我的未来，而我无论做什么，都无法弥补他们逝去的青春和付出的艰辛。

父母给了我生命，让我成为一个人，让我有机会体验人生，看到这个缤纷的世界。仅凭这一点，就应该一辈子去感恩他们。何况，父母还给了我那么多无私的爱，虽然这种爱可能是无言的爱，是没有被表达出来的爱，但他们却用一颗不求回报的心一直呵护着我，小时候是这样，长大了更是这样。因为无论何时，我永远是父母心中的孩子。

生活不易，很多人为了追求梦想奔波在外，可能一年都见不到父母几面。当我们在外漂泊的时候，当我们面对压力的时候，其实有一颗心永远在牵挂我们，他们在我们儿时生长的地方、在我们曾经留下过足迹的地方惦念着我们。我们离开父母身边，独自面对学习、工作、事业、家庭，可能我们连百分之十的时间都没有留给父母，父母永远是最容易被我们忽略的人。因为在我们心底，他们是最能够包容我们的人，所以在我们遇到困难的时候，他们总是冲在前面，而当我们生活安逸之后，他们却总是站在最后。慢慢地，我们甚至已经忘记了曾经拼尽全力保护我们却不要求任何回报的人——我们的父母。人有的时候就是这样，越是不跟我们计较的人，越是对我们没有要求的人，就越是最爱我们的人，也越是容易被我们所忽视的人。其实，我们忽视的不仅仅是父母，而是自己心中的那一份爱和感恩。

我们太忙了，"忙"字怎么写？"心亡"则"忙"。"心"为什么会"亡"？因为我们心中的爱没有了，而我们内心最深处的爱，就是父母对我们的爱。所以今天我们讲"孝"，不仅仅是当下为父母做些什么，比如常回家看看、多打几个电话。这些举动当然是好的，但更重要的是我们的内心还能不能感受到父母的爱，我们的心底还有没有父母，只有当我们的内心跟父母有一种很强的情感联结时，我们的人生状态才是最佳的，因为这种联结是不能缺失的，但现在许多人都忘记了这一点。古圣先贤教导我们："百善孝为先。"一个能有大作为的人一定是内心善良的人，一个内心善良的人首先应当是一个孝顺的人。简单地说，一个不孝顺父母的人，一个跟父母关系不好的人，也很难处理好和其他人的关系。正如我们经常听到的那样："看一个人能否成功，就看他跟父母的关系。"

古人云："修身齐家治国平天下。"个人修养好了，把家庭经营好了，国家也就好了，天下也就太平了。从这些古训中，我们看到的是孝，是爱，是内心的安定和正能量，是一个国家的繁荣昌盛。现在时代进步了，但好的传统不能丢。事实上，也有很多人依然坚持践行孝道精神，他们或许做得还不够，但至少他们心中知道父母的爱恩重如山、自己无以报答，因而每次和父母在一起时都心怀感恩，不会伤害他们。也有一些人，因为种种原因，在与父母相处的短暂时间里不能好好地去享受和回馈父母的爱。有的人说，这是因为现在的人越活越自私了，为了自己的事业、家庭和孩子付出了全部的精力，以致最后被忽略的只有父母。

今天我写这本书的初衷是想让大家明白，不能"两全"不代表可以忽视一方，这种忽视看似是因为精力有限，其实更多的是因为你的心里已经没有了父母的位置，就像房间里的电灯一样，开关在哪里，你已经不记得了，已经打不开了，那么电流就无法通过，灯也就不会再亮了。在我们的心中、在父母的心中都有这盏灯，它亮不亮、还能亮多久，取决于我们何时打开这个开关，而打开这个开关最重要的就是一个"孝"字。毫无疑问，我们时时刻刻都在父母的心上，但父母在我们心里的位置却越来越小。我希望通过我和我父母的故事，可以帮助读者走进你们父母的内心，让你们的情感互通，让你们心中那盏爱的明灯绽放幸福之光，让你们享受爱的温暖，珍惜生命中这最大的"缘分"。

如果有人问这一生中与我们最有缘的人是谁，答案一定是我们的父母。父母与我们是"生命之缘"，如果没有和他们结缘，何来其他的缘分呢？这种比喻或许不太恰当，但父母给了我们生命是没有争议的，如果没有生命，何来我们的人生呢？何来今天我们所拥有的一切呢？人在生命中最应该去感恩的那个人，一定是父母。这就是"孝行天下"的含义：有了"孝"的精神才能行走于天下，才能把心中的爱和感恩带给世界上的更多人。

父母为我付出了很多，我一直对他们心怀感恩，所以我在很早之前就有了写本书来回报父母的想法，今天这个想法终于得以实现。我写这本书的初衷，不是教会大家什么，而是希望通过这本书唤起更多人心中对父母的关怀，更好地理解父母、体贴父母，珍惜和他们在一起的时间，让彼此心中的感情自由地流淌，享受人世间最真挚、最纯粹、最温暖的爱。

写这本书的时候我一直在对自己说，作为儿子，我为父母做得还远远不够，在与大家分享心得的过程中，我感到自己还应在孝顺父母的很多方面上有所提高。我希望读者通过阅读本书也能有所收获，能真正认识到孝道的重要性并付诸实践，共同推动孝道文化的传播。

我时常会想，如果没有父母，我的今天会是怎样一种景象。没有父母就不会有我们的今天。父母是我们永远都写不完的一部书，在这部书里，永远饱含着对父母无限的爱和无尽的感恩之情。

一口气读完本书的15大理由

理由1： 如果你想做一个孝顺的子女，读完本书，你会明白什么是"孝"，怎么做才是真正的"孝"。

理由2： 如果你想做一个孝顺的子女，读完本书，你会知道父母是怎么看待"孝"的，他们希望你如何行孝。

理由3： 如果你想做一个孝顺的子女，读完本书，你会醒悟为什么面对父母的时候，你总是表现得不耐烦，而且你会发现，给父母带来快乐其实很简单。

理由4： 如果你想做一个孝顺的子女，读完本书，你会学习到"说服"父母最有效的方法，让你们轻松化解冲突，彼此都很快乐。

理由5： 如果你想做一个孝顺的子女，读完本书，你会改变和父母之间的关系，彻底消除内心的隔阂，让你的人生的诸多方面，都发生不可思议的转变。

理由6： 如果你想做一个孝顺的子女，读完本书，你将读懂孝顺父母最关键的"秘诀"，只要掌握了这个"秘诀"，你就会给父母带来源源不断的快乐。

理由7： 如果你想做一个孝顺的子女，读完本书，你会真正走进父母的内心世界，理解他们的所思所想，成为父母心中的孝顺儿女。

理由8： 如果你想做一个孝顺的子女，读完本书，你会认识到什么是人生最大的富足，你再也不会因为工作忙而忽视自己的父母，你会明白亲情才是人世间最宝贵的财富。

理由9： 如果你想做一个孝顺的子女，读完本书，你会更加重视家庭关系，勇于承担家庭和家族的使命。

理由10： 如果你想做一个孝顺的子女，读完本书，你不仅能处理好"婆媳关系"，还能帮助身边的人正确认识"婆媳关系"。

理由11： 如果你想做一个孝顺的子女，读完本书，你会发现那些曾经让你困惑的问题都迎刃而解，你的家庭会更加和睦，家人会相处得更加和谐。

理由12： 如果你想做一个孝顺的子女，读完本书，你会重新认识你的父母，同时重新认识自己，让生命得到升华。

理由13： 如果你想做一个孝顺的子女，读完本书，你会学习到"行孝"的三个层次和"感恩"的五个层面，并时刻认清自己所在的位置。

理由14： 如果你想做一个孝顺的子女，读完本书，你会得到一把"打开智慧之门的金钥匙"，在孝顺父母的过程中，得到无限灵感的启发。

理由15： 如果你想做一个孝顺的子女，读完本书，你会发现人生中的很多问题，都可以在行孝中得到答案，而践行孝道能帮助你开启你最期待的人生。

郑家军父母

第 **1** 章

父母的今天就是我们的明天

要知亲恩，看你儿郎；要求子顺，先孝爹娘。

想一想等你老了之后想过什么样的生活，你就应该了解父母现在想要的生活。如果我们希望老了以后儿女能经常来陪我们，能和我们建立良好关系，那么，我们作为儿女，现在就要对父母做同样的事情。

世上有两件事不能等：一是孝顺，二是行善。

如果你觉得和父母相处有问题，千万不要让双方关系就这样僵持下去，不要以为双方各自生活、互不影响就是最好的关系。因为你处理的不只是跟父母的关系，也是跟你自己的关系以及跟你的儿女的关系。父母的今天往往就是儿女的明天。如果今天你跟你父母的关系不好，未来你跟儿女的关系也会受到影响；今天你对父母的爱不够、关怀不够，未来你也很难从儿女那里得到足够的爱和关怀。

此外，如果你不看重跟父母的关系，也会影响你的另一半跟你父母的关系。如果你跟父母的关系很好，你很孝顺你的父母，你的另一半也会更加尊重他们。倘若你跟父母的关系不好，总是争吵，你的另一半跟他们的关系也会变得紧张。

所以，孝道其实是在调解一个家庭、一个家族的关系，进而规范整个社会的秩序，所谓"修身齐家治国平天下"，讲的就是这个道理。你首先要把自己这一层的关系处理好，然后家庭关系才会好，社会关系才会好，而处理自己这一层的关系，最重要的就是你跟父母的关系。

父亲对我的影响

我的父亲是一个非常勤劳、很有骨气的人。我的爷爷去

世得早，父亲很小就成为了家里的顶梁柱，主动承担起家庭和家族的重任。从我记事起到大学毕业，父亲一直在外打工，他非常辛苦，吃不好、穿不好，但他从来没有一句抱怨。为了让家人生活得更好，他甘愿付出所有心血。

当年父亲连夜翻过这座大山为我取药，想想真是不可思议。

最令我记忆深刻的一件事是，在上初中的时候，我生病了，为了给我找土方治病，他连夜出发，在伸手不见五指的夜晚，翻了几座山去到医生家，只为第一时间把药取回来。他摸着山上的杂草和树枝一步步挪下山，在回到家的时候，我看到他裸露在外的小腿和胳膊上满是伤口，血和露水融在一起。看到那一幕我心痛极了，那个时候我就发自内心地感受到了父爱之伟大，到今天我依然确信，除了我的父亲，不会有人这样对我了，不会有人如此毫无怨言、不求回报地为我付出。父亲为我所做的一切，除了在我心上烙刻下了深深的父爱，还让我明白了一个男人最重要的责任和义务，就是扛起家庭的责任，照顾好家人的生活。

家教与学历无关

如果说这个世界上有两种教育方式，一种是说教，一种是身教，那么后者的效果一定会超越前者。在成长的过程中，我深切地体会到父母的教育对我的人生产生了巨大的影响。尤其是父亲，他是一个不太喜欢说话的人，对于儿女，他总是以自己的实际行动为典范，让我在一个普通的农村家庭里得到了世界上最宝贵的教育，让我学会了如何为人处事，学会了如何尊师长、做善事、行孝道。

我家门前，正对着的是两山凹间，早年间听父亲讲，"看风水"的人说这是"风水宝地"的朝向。

父亲虽然没有读过书，但是他教给我的都是在书本上很难学到的东西。比如在我上小学的时候，每次考试我的数学成绩都是99分，当我看到别的同学可以拿100分的时候，我要求父亲给我买一个计算器，因为我认为我丢掉的这一分，就是丢在了没有计算器这件事情上。父亲没答应，他看

4

出了我的心思，教育我做事要脚踏实地，不可以投机取巧，因为勤劳才能有所获。记得有一次，父亲用毛笔在木质的墙板上写了一个"红"字，我马上也跟着模仿起来。可能是因为我读书成绩好，在学校经常得到老师的夸奖，这个时候心里有些

我家屋后，背靠着大山。

骄傲的情绪。父亲看出来了，他教育我说："天外有天，人外有人，做人要谦卑，要虚心向别人学习。"

如今我也更深刻地领悟到，一个人能否奉行孝道，不在于他有多高的学历，重要的是他有没有"家教"。类似这样的例子有很多，比如下文中"曾子杀猪"的故事就告诉我们，身教重于言传，一个人只有以严格的标准要求自己，才能在家庭中形成一种良好的家风家教。

孩子是父母的"复印件"

曾子深受孔子的教导，为人非常诚实，从不欺骗别人，

对于自己的孩子也是说到做到。有一天，曾子的妻子要去赶集，孩子哭着叫着要和母亲一块儿去。于是母亲骗他说："乖孩子，待在家里等娘，娘赶集回来给你杀猪吃。"孩子信以为真，一边欢天喜地地跑回家，一边喊着："有肉吃了！有肉吃了！"孩子一整天都待在家里等妈妈回来，村子里的小伙伴来找他玩，他都拒绝了。他靠在墙根下一边晒太阳一边想象着猪肉的味道，心里甭提多高兴了。傍晚，孩子远远地看见妈妈回来了，他跑上前去迎接，喊着："娘快杀猪，快杀猪！我都快要馋死了。"

曾子的妻子说："一头猪顶咱家两三个月的口粮呢，怎么能随随便便杀猪呢？"孩子听了这话，"哇"的一声就哭了。曾子闻声而来，了解事情原委以后，二话没说，转身就回到屋子里。过一会儿，他举着刀出来了。曾子的妻子吓坏了，因为曾子一向对孩子非常严厉，妻子以为他要教训孩子，连忙把孩子搂在怀里。谁知曾子却径直奔向猪圈。

妻子不解地问："你举着刀跑到猪圈里做什么？"

曾子毫不犹豫地回答："杀猪"。

妻子一听笑了："不过年不过节杀什么猪呢？"

曾子严肃地说："你不是答应过孩子要杀猪给他吃吗？既然答应了就应该做到。"

妻子说："我只不过是哄哄孩子，和小孩子说话何必当真呢？"

曾子说："对孩子就更应该说到做到了，不然，这不是明

摆着让孩子学家长撒谎吗？大人都说话不算数，以后有什么资格教育孩子呢？"

妻子听后惭愧地低下了头，最后，夫妻俩真的杀了猪给孩子吃，并且宴请了乡亲们，告诉乡亲们教育孩子要以身作则。曾子教育出了诚实守信的孩子，而"曾子杀猪"的故事也一直流传至今，他的品格一直为后代人所敬仰。

还有这样一个故事：一个妈妈很爱他的孩子，就对孩子说："孩子，等你长大了一定要对爸爸妈妈好。"孩子问为什么，妈妈说："因为我们把最好的都给了你。"孩子顺口问道："爷爷也经常说他把最好的都给了爸爸，但是为什么你和爸爸总是说爷爷不好呢？"

在尽孝这件事情上，孩子对父母永远是"有样学样"。你今天是如何对待父母的，孩子未来很可能就会如何对待你。古话有云："孝者，上所施，下所效也。"身为父母，要想让儿女成为孝顺的人，自己首先要成为好的榜样，让儿女来效仿自己。"孝"是孝顺，"效"是效仿。父母做出好的示范给孩子看，孩子就会效仿父母的做法孝顺父母，这就是一种孝道的传承。所以，父母要以身作则，而不是一味地说教。"父母的今天就是我们的明天"不是一句空话，而是要落实在实际行动上。明白了这个道理，才能真正地理解孝道，真正做到孝顺。

孝的根本是各安其位

"孝"字由两个部首组成，上面一个"老"字，下面一个"子"字。何为"孝"？老为上，子为下，各安其位是孝的根本。换个角度来看，一些不注重孝的人和家庭，最常有的一种表现就是"以下犯上"，"没大没小"。每个家庭成员是否安于自己的位置，是检验一个人和一个家庭是否注重孝道的最直接的方式。

我上学的时候没有什么娱乐方式，看小人书是我最大的爱好。记得有一次父亲给我买了几本小人书，我看了一遍又一遍乐在其中。那段时间，恰好父亲来学校找我，有好几次他在学校门口等着，让同学叫我出去，我都因为放不下手里的小人书没去见他。后来父亲批评了我，他说不能因为看小人书太入迷而不尊重父亲，他还教育我："你要知道，我有事才会来找你，我走了这么远的路，叫了你几次你都不出来，你觉得你的这种做法对吗？"

无论是父母还是儿女，都要安于自己的位置，不可越界，不能违反家里的规矩，这就是在为尽孝打下坚实的基础。人若没有了这个基础，便会出现我们今天很容易看到的现象，不光是儿女不把父母放在眼里，儿女的孩子也成为了家中的"小皇帝"，家庭上下关系混乱，晚辈挑战长辈，长辈宠惯晚辈，违反了孝的根本，因此会产生很多问题。正是父亲的那次教育，让我认识到了孝的根本。

孝是做人的根本

有一对种果树的夫妻，上有父母，下有儿女，三代人一起住在果园里。夫妻俩每天到果园劳作，让两位老人在家照看孩子。两位老人很疼孙子，可是妻子每次从果园回来，一进门就把孩子从两位老人的怀里夺走，有时甚至对老人恶言恶语。

丈夫看了十分难过，对妻子说要对老人好一些，妻子振振有词："人老了什么忙也帮不上，有什么用！孩子是我们的宝贝，我们每天工作这么辛苦全都是为了他，当然要先疼爱孩子啊！"

丈夫不知道如何跟妻子讲通这个道理，他拿着斧头到果园把一棵果树砍断，树上的果子洒落一地。妻子追上来大吼："你是不是疯了，果子还没熟，你就把树砍了，我们岂不是白白辛苦？"丈夫说："对啊！孝是做人的根，父母辛苦养育我们，我们就应该孝顺父母，如果我们对父母不孝，那就像这棵果树一样，断了，又怎能结出好的果实呢？"

总之，父亲让我认识到家教是一种传承，儿时我们从父辈那里获得了家教，那么今天我们作为传承者，要把这种家风家教发扬下去，做好自己，去影响后辈和身边的更多人。曾子的故事让我们看到了所有伟大的父母都会做的事，那就是言传身教的重要性，父母要以自己的行为给儿女做出表率。父母做什么儿女就会学什么，父母做好了，儿女才

能做得更好。如果今天我们对父母孝顺，让儿女看到我们是如何对待父母的，他们未来也就会学着我们去做。而如果我们对父母不孝，儿女也会看在眼里，记在心上。所以，父母的今天就是我们的明天，今天我们能让父母过上什么样的生活，未来我们的儿女往往就会让我们过上什么样的生活。

我曾问过很多年轻人老了之后想过什么样的生活，很多人都为自己规划出一个美好的未来。但是当我再问这些人是否知道父母想要过什么样的生活的时候，几乎很少有人像给自己规划老年生活那样为父母做规划。

曾经有人做过这样一个调查，他们向一百对老年夫妻提问"什么是最理想的生活"，这一百对老人的回答都提到了以下两点：第一，儿女幸福快乐；第二，自己身体健康。调查者发现，所有父母都会把儿女的幸福放在第一位。后来，调查者又调查了一百对年轻夫妻，问他们老了之后想要过什么样的生活，在这些人的规划里，只有少数人会提及父母，大多数人都是以享受人生为目标来规划自己的晚年生活。

从这个调查中我们发现了一个问题：为什么在父母的规划里儿女总是占首位，而在儿女的规划里却很难看到父母的身影？或许是因为这些年轻夫妻没有真正体悟到老人内心的想法，但无论如何，这个调查能让我们感受到藏在父母心底的那一份爱，而当年轻夫妻为人父母时，就会和他们的父母有一样的想法，即把自己的儿女放在他们生活中的首要位置。

父母的爱是最伟大的爱，如果我们能够明白这一点，看到的就不是我们现在的父母，而是未来的我们，当我们去体会这种感受，就能够理解为什么父母会这样对我们了，因为未来的我们何尝不会

老家，父母现在居住的房子。原来是木屋，后翻新成现代住宅。

如此对待我们的儿女呢！虽然时代会变，人的生活习惯会变，但这种藏于心底的爱始终未变。所以我们也就不难明白"父母的今天就是我们的明天"这句话的意义了，它其实是在为我们营造一个更加美好的未来。

换个角度来讲，我们今天如何对待父母，跟我们的父母如何对待他们的父母也有着很大的关系。父母怎样对待长辈，自然也会对儿女产生影响。但如果儿女觉得父母做得不够好，往往也会觉得没必要对他们好。所以说我们要改变自己，而不是

等着别人去改变，因为人很难去改变他人。只有自己改变了，周围的一切才会改变。行孝是承上启下的关系，你的行为不仅会影响你自己，还影响上下两代人的幸福。所以传承孝道对于每一个人都应该具有一种使命感，因为它是最贴近生活的一种文化，是成就自我、超越自我的人生智慧。

孝就是帮助父母过上他们想要的生活。在中华传统文化里，孝是构建幸福生活的最重要的因素，所有人的幸福，都离不开孝道精神的发扬。可能会有一些人觉得过好自己的生活就是幸福，但在中国的家庭文化里，你会发现父母的生活也在影响着你的生活；如果你已为人父母，你的儿女已长大成人、有了自己的家庭，你会发现你的幸福跟你儿女的幸福也会交织在一起。所以说，一个真正幸福的人和家庭是离不开孝道的，如果能认识到这一点，以孝道文化去经营家庭，就更容易获得持久和谐的关系，收获平静和幸福，而如何才能做到这一点，正如文章开头所说，首先要从自己做起，进而影响整个家庭。

今天我们看到父亲母亲，我们想到的是怎样为他们创造美好的生活。作为家庭中承上启下的一代，我们既决定了父母的幸福，也决定了我们的幸福和未来儿女们的幸福。只有把这层关系处理好，才能把孝道文化更好地传承下去，而其中最重要的是我们要走进父母的内心，去理解他们、关怀他们，这是幸福之根，也是孝之根本。

念亲恩

　　孝道是中国文化的精髓，尽孝是我们生命里的重要使命，孝与我们的家庭、工作、财富、幸福都密不可分。

　　孝顺是体现在行动上的，不是说出来的。

　　孝是构建幸福的桥梁，桥断了，幸福也就断了。

　　在孝敬父母这件事情上，儿女是父母的"复印件"，父母是儿女的"原件"。儿女做得好与不好，要看父母的所作所为。

第 2 章

不提要求不代表父母没有需求

想父母之所想，急父母之所急。

在父母心中，任何需求都胜不过他们对子女的爱，给子女更多的爱，是父母内心最大的需求。

孝，德之本也。

——孔子

父母心中有一个天平，一端是自己，一端是儿女。和一般天平不同的是，父母心中的这个天平，儿女这端似乎永远要重于自己那端。在面对种种选择的时候，他们总是以牺牲自己为代价给予儿女更大的满足。在这个天平上，一边是父母自己的需求，一边是他们对儿女的爱。当爱大于需求的时候，父母会无私地付出，他们不会考虑自己是否能得到什么，他们心中想的是只有怎样做才能够让儿女得到更多。

母亲的爱

在我小时候，家里生活条件非常艰苦，唯有逢年过节的时候才能在饭桌上看到肉。小孩子嘴馋，等着盼着过年吃上一顿猪肉，那真的是一件特别幸福的事情。当时我最大的一个期盼，除了过年就是家里来客人，妈妈会做一桌子菜来招待客人，这样我就能沾光吃上

母亲年轻时很少拍照，这是母亲年轻时为数不多的照片之一。

16

一些。

对于招待客人这件事，家里有一个不成文的规定：菜烧好了要让客人先吃，客人吃好了，小孩子才能上桌吃。有一次，我放学回家，老远就闻到从厨房里飘出来的肉香味，家里正在招待客人。

客人吃完饭下桌，父亲送他们回去，母亲和我一起上桌吃饭。我清楚地记得，那天母亲做了红烧排骨，她把盘子里剩下的排骨全都夹给我，对我说："宝宝，你把这些都吃掉。"

"妈妈你也吃。"我说。

"妈妈刚刚吃过了。"妈妈说。

我大口大口地享受着美味的食物，香在嘴里，美在心头，

儿时奔跑的田野，依旧散发着的希望的气息。

高兴极了。可是我完全没有想到，当我放下碗筷，出去玩耍一圈，回来看到眼前那一幕时，那些红烧排骨对我来说不再是美味，它变成了我心中一种深深的自责和内疚。我看到妈妈一边收拾餐桌一边吃我碗里剩下的骨头，我顿时感到一阵心酸，我明白了，妈妈是在骗我，她一口肉都没有吃，因为她知道，她多吃一口，我就会少吃一口。

家门口的小河，也是我小时候游泳的地方。

这就是妈妈对我的爱，只要我是快乐的，她自己再苦再累都毫无怨言。虽然这是一件小事，却在我心里留下了深深的烙印。我不止一次回忆起这件事，然后问自己："难道母亲不喜欢吃肉吗？她当然也很喜欢。那么为什么她永远把最好的留给我呢？"那是因为她心中充满了对我的爱，而这种爱大于她自身需求的时候，她不会考虑自己，她唯一考虑的是怎么做才能够让我更加快乐！

直到今天，每当我面对餐桌上丰盛的美食，我的脑海里都

会不时浮现出那一天的画面。作为儿子，在这个还算年轻的时光里，享受着自己的生活，而父母在我这个年龄的时候，可能什么都享受不到，他们饱尝的只有生活的艰辛和困苦。所以我在享受今天的生活的时候，应该多想一想父母，想想他们为我所付出的一切，这样我就会对生活更加珍惜，对父母更加感恩。

有些事，只有做过才知道

我不知道是不是所有人都一样，习惯用自己的想法去想他人。尤其在面对父母的时候，当我们对他们提出一些要求，让他们去做一些我们认为很有意义的事情，而他们不去做或做不到时，我们是否会感到非常的不理解，其实勉为其难让父母去做他们不喜欢或做不到的事情，倒不如顺着父母的想法。

中国人讲孝顺，首先强调的是"顺"，也就是顺着父母的想法，顺着父母的意愿。但是，有些人误解了"顺"的真正含义。比如我们经常看到有些单身老人嘴上对儿女说"自己一人过挺好"，但其实心里的真实想法并非如此。那么在这种情况下，如果儿女"顺着"父母的"意愿"，就等于他们不理解父母的真实感受，而父母的一些需求也只能以对儿女的爱为理由，被一直埋在心底。

事情真的是这样吗？如果父母对我们说这件事情是他们

"不愿意"去做的，或他们做了没有达到我们的期望，我们还在意他们真的只是因为"不愿意"吗？还是另有原因？其次，倘若父母没有达到我们的期望，我们会不会不生气？

带父母去拍婚纱照

你的父母有没有婚纱照？如果没有，你一定要带他们去拍，不然这会成为一件特别遗憾的事情。

借着出书这个机会，我想带父母去拍一套婚纱照，我把这个想法告诉父母，引起了他们的"强烈反对"。他们讲了很多大家能够想到的理由，总之一句话："不去！"说实话，如果不是因为想借这次出书的机会把父母的照片放到书里留做纪念，可能我也不会下定决心必须做这件事情。我记得我曾经多次和父母提过此事，当时他们是反对的，所以最后都不了了之了。但这次不同，我下定决心，就算是"骗"，也要把他们"骗"到影楼去。

一开始我觉得父母答应我的请求只是为了满足我的愿望，但是当他们化了妆、换好服装，不断跟摄影师互动之后，我看到的是两位老人脸上幸福的笑容。天下哪有人不喜欢美？哪有人不愿意把美好的事情放进回忆？当父母看到照片之后，他们再也没有表现出之前的不愿意，随之而来的，是打心里流露出的一种满足，就像我们的心愿实现了一样，事实证明，这也是

他们的心愿。

你可能也曾体会过，说服父母做一件他们"不喜欢"的事情有多难。但是如果你真正了解他们，明白他们内心的真实想法和需求，坚持把这件事情做成了，你就能体会到其实父母心中对于做这件事情有多么的喜欢。

在写这本书的时候，我曾安排写作者对我父母进行采访，我认为这样做，可以让他们说出他们的很多真实想法。我跟父母讲了这个决定，他们的第一反应是"一致反对"，他们认为自己年龄大了，又没有什么文化，面对镜头不知道说些什么。起初我也认为父母可能不太善于表达自己，采访，对于他们而言可能会是一种压力，至少他们不会很喜欢。但在我三番五次的劝说下，他们最后还是答应了。我心里清楚，即使真的如我所想，他们不能充分地表达自己的想法，但这对于父母来说也是一种从未有过的体验，试一试，又何妨呢？然而，我真的没有想到，在接受采访的过程中，父母的表现非常棒，面对写作者提出的问题，他们有着非常强烈的表达欲望，很多问题都是抢着回答。我发现，在他们心底，藏了很多感情，他们早有把这些感情分享给别人的"冲动"，但是他们没有这样的机会，因为很少有"聆听者"出现在他们的世界里，让他们能够尽情倾诉。

在采访过程中，当我看到父母回忆过往人生，手舞足蹈地表达着自己，似乎有聊不完的话题，一旁的我比他们还要激

动。一直以来，父母都是我们最好的聆听者，而作为儿女，我们却很少能够坐下来，去聆听他们的内心世界。我很庆幸坚持了自己的做法，因为如果我"顺应"了父母的"想法"，认为他们的确"不喜欢"而放弃了让他们去体验的机会，那么，我要等到何时才能看到今天的这一幕呢！有些事，只有做了之后才知道父母到底喜不喜欢，才能看到他们心中的真实想法。想到这里我突然明白了，为什么父母总是反对我曾经提出的一些要求，其实真正的原因不是他们不愿意，而是他们怕给我增加负担，怕影响到我的生活。父母一次次拒绝我们的背后，其实是满满的爱，而我们却把它看成了不理解，甚至会这样想："为什么想要为你们做些事情这么难？为什么你们就不能听我一次？"这是多么深的误解啊！当我们为了父母"言不由衷"的话而生气时，还会有谁能真正去理解他们的良苦用心？

做父母的"聆听者"

新年的假期里，妈妈问我想不想看以前的老照片，要是在往常，我根本没兴趣，不过假期里反正也闲来无事，我就答应了妈妈。

妈妈拿出照片一张一张地指给我看，跟我讲述照片里的故事，我边听边看。因为拍照的人是我爸爸，所以基本上都是妈妈一个人的照片，但是每几张照片后就有一张合影，不知道是请谁拍的。

对小孩子来说，父母从自己出生时就一直是"父母"，可是父母在成为"父母"之前，也曾有过他们自己的人生啊。我边看着照片，边模模糊糊地思考着这个简单得不能再简单的道理。

"妈妈，你看你那个时候多幸福啊。"不善言辞的我总算说出了一句感叹。

妈妈马上接道："才不是呢，你出生以后的日子里我才更幸福。"

突然听到这样的话，我一时间有点手足无措，更让我感到意外的是，我的嗓子居然有些许的哽咽。

你有过坐在父母身边，静静地听他们讲完一个他们年轻时的故事的经历吗？在日本，有一个"尽孝执行委员会"，他们以很多种方式和方法鼓励年轻人对父母行孝，他们认为认真聆听父母的倾诉是其中一种非常重要的方式。如果儿女能够成为父母的聆听者，多听一听他们曾经发生的一些故事，就能够让父母收获很大的快乐。

每个人都有分享的欲望，尤其对于有着丰富的人生经历和故事的老人而言，把一些经历分享给别人是一件很幸福的事。正如罗曼·罗兰所说："不管因为什么，作为儿女都不能让父母的故事烂在肚子里。"因此，我们更应该给父母多个机会，

让他们向我们分享他们曾经的过往人生。

父母会要求我们坐下来听他们讲故事吗？答案是几乎不会。这件事情往往是由儿女主动提出请求才会发生。但父母不提要求不等于他们没需求，这是我在父母拍婚纱照和接受采访这件事情上最大的感触。当我看到两位老人的心愿得到满足后幸福的样子，那一刻，我真正理解了他们之前的拒绝只是怕给我添麻烦，"拒绝"其实更多时候是一种爱的体现，是一种无私的付出。

了解父母需求是行孝的关键

在公司，我们要了解员工和老板的需求。在生意场上，我们要了解客户和消费者的需求。在家里，我们要了解另一半和孩子的需求。因为只有了解了对方的需求是什么，才能够更好地去满足对方，进而建立和谐的关系。同理，如果我们真的希望父母幸福，那是不是应该拿出一点时间去了解他们的需求呢？

记得某位企业家曾经说过这样一句话："现在一些年轻人抱怨和父母沟通太难，但如果你们能够像服务老板和客户一样去'服务'父母，我不相信你们和父母的沟通会有多难。"的确如此，我们在面对很多人的时候学会了换位思考，学会了站在对方的角度看问题，学会了如何满足对方需求，但恰恰在父母面前，却很难做到这一点。

史玉柱做过一款产品叫"脑白金"。为了解市场，找准消费者需求，他亲自做实地调研。他回忆道：

"脑白金"广告是这样形成的。

我在"脑白金"推出初期的时候，还没有正式销售，还在试销的时候，曾经带了几个人去公园实地调研，看到一些老头、老太太在公园亭子里聊天。因为我们已经开始在那个城市销售"脑白金"，我就上前去找他们搭话。

我问他们对"脑白金"了不了解，他们说知道"脑白金"。

还有一两个老头、老太太说他们是吃过的。大部分人说有兴趣，但是没吃过。后来我就问那些没吃过的人，你们为什么不吃呢？他们回答说买不起。

其实他们的收入还是较高的，但买不起的原因是什么呢？

后来我在聊天的过程中发现，中国的老头、老太太其实对自己是"最抠"的，对孙子、孙女却是很大方的。他们把钱存起来想养老，如果要花，他们都想花在孙子、孙女身上，因为对自己"太抠"，所以不舍得给自己花钱。

那么，怎样才能让他们买"脑白金"呢？

他们说，除非儿子或女儿给他们买了，他们才愿意吃。

我发现许多老人都是这样的，并不是不想吃，其实是在等自己的儿子或女儿买。

其中有一个买了脑白金的人说，他每次吃完之后，自己舍不得买，想让儿子帮他买，怎么办？他就把那个空盒子放在窗台上面提示他儿子。他儿子有时候看见了就帮他买，没看见的时候就十天、二十天都不帮他买。

在了解到这些情况后，我发现要推销"脑白金"，不能跟老头老太太"说话"，要跟他的儿子或女儿"说话"。

因为向老头老太太说没有用。

中国的传统，如果给老人送礼就是尽孝道的一种方式，而这又是一个传统美德。所以我把消息带回公司与公司销售人员讨论，这个定位必须要对（老头老太太）儿子女儿说，不要说得太多，就说两个字——"送礼"。而"送礼"是我们当时市场调研得来的一个定位。

得到这个结论之后，后面就是怎么包装的问题。就是怎么把这个"送礼"与儿子和女儿联系上，让他们能记住。

再后来，我们组织我们的员工，几十个人，每个人都想，最后在一个员工的提案基础上进行改进，改进成现在这个，而这个也是最容易记忆的。

"今年过节不收礼，收礼就收'脑白金'。"

其实史玉柱是做了儿女本该做的事情——儿女应了解了父母的需求。他用一句广告词解决了"父母不提要求不代表他们没有需求"之间的矛盾冲突，最终，自己的产品得到了大幅的

销售。

　　想一想，你喜欢一样东西，或是想做一件事，但是因为一些客观原因，你嘴上说不喜欢，但是心里非常喜欢，类似这样的体验，在某种程度上就是父母当时的心理感受。

　　像了解客户需求一样去了解父母，知道他们心里是怎么想的，如果我们愿意拿出一些精力去做这件事，换回来的可能不是订单和业绩，但确是父母脸上幸福的笑容和心中的那一份满足。

念亲恩

　　作为儿女，读懂父母善意的"谎言"，是对他们最起码的理解。

　　父母给予儿女的爱是永恒的。不管做儿女处于什么位置，在父母眼里，儿女永远是需要爱，需要呵护的。

　　小时候不理解父母可以说是无知，但长大了不理解父母则是无德。理解是人生最重要的修炼，需要不断去自我升华。

　　父爱母爱的字典里没有"错"这个字，如果非要分出"对错"，"错"的一方应该在儿女一方。

人生几十年，回看是时间；
曾经多磨难，今日多喜欢；
变了的，是一张不再年轻的脸，
不变的，是一颗挚爱的心……

第 **3** 章

读懂父母心中的真实想法

今天所做之事勿候明天，自己所做之事勿候他人。

有人认为"父母会打着爱我们的旗号"对我们造成"伤害"，说这话的人往往是因为没能读懂父母内心真实的想法。父母对子女一片苦心，但子女往往不理解，由此和父母之间产生误解与隔阂。

身体发肤受之父母，不敢毁伤，孝之始也。

——孝经

"贤人争罪，愚人争对。"说的是有智慧有境界的人，常常是把过错归咎于自己，自我反省，而愚昧之人则总认为自己是对的，永远在别人身上找原因。儿女面对父母，比较常见的一个问题是，对父母做法不能理解："为什么你们不能听我的？你们那样做是错的，按我说的做才是对的！"

父母辛勤劳动最大的动力是为了下一代更好地成长。

什么是对，什么是错，事事之间的对与错，往往都源于三个字：不理解。我们不理解父母的做法，认为他们是错的，父母不理解我们的做法，认为我们是错的。但是，如果能换个角度，站在对方的位置上看待问题，就会发现所谓对与错，无非是各自的想法不同，无非是想要改变对方。

我曾经看过一个电视节目，一个女明星分享自己的生活经历，其中谈到与父母相处，最令她头痛的是他们每天都要吃剩菜，上顿做了很多，吃不完放在冰箱里留着下顿吃，然后昨天的剩菜还没吃完，今天新做的菜就又成了明天的剩菜。"因为这个问题我不知道跟父母吵了多少次，我一再强调，吃剩菜对身体有害，你们这样做看上去是在节省，实则是牺牲健康。我也劝说他们，如果因此而生病了去看医生，恐怕省下来的钱都不够支付十分之一的医药费。但是我发现无论我怎么说都不起作用，他们根本不理解，冰箱里永远有吃不完的剩菜。后来我赌气，跟他们说我回家不吃饭了，可是他们还是会做很多我爱吃的菜等着我回来。我不吃，他们就留着自己下顿吃。再后来，我也无心去改变这件事了，他们怎么开心就怎么做吧。然后有一天我突然发现，其实一直以来家里的剩菜我一口都没吃过，一直都是父母在吃。我的喉咙瞬间哽咽了，我理解了他们为什么要这样做了，因为我平时拍戏很忙，很少回家，每次回去他们都希望我多吃一些，所以冰箱里大部分的菜都是我吃剩下的，而我却因此而责怪父母，我觉得我特别不懂事。"

雨中的早餐

　　这位女明星的经历让我想起了发生在自己身上的故事。在这个故事里，我和我的母亲，如出一辙地演绎了另一个版本，母亲对我的爱，和我对这种爱的不理解，让我认识到"读懂父母心中的真实想法"有多重要，它不光让我学会了如何享受父母的爱，更让我明白了孝顺和理解父母是一个人成熟的标志，而成长就是一段慢慢理解父母的过程。

　　大学毕业进入社会，经过不断地努力打拼，我自己的事业，在经济方面，一步步地走出了因为没有钱而无力报答父母的窘境，为了让父母更好地生活，我在城里为他们买了房子，一方面可以改善他们的生活条件，一方面我可以经常去陪着他

我的母校浙江林学院（现改名：浙江农林大学）。感恩母校，感恩老师和同学。

浙江农林大学

们。只要他们住在城里，我几乎每天晚上都会回去吃饭。

父母住的地方距离我公司大概有一里多路，自从他们搬过来住，母亲每天早上都会骑着自行车准时到公司楼下，把一碗她亲手做的面条放到我手里，看着我吃完。有的时候，我会开车到父母家楼下，母亲把一碗面条送下楼，我用汽车的后备箱盖当餐桌，急忙把面条吃完再去上班。起初，我被母亲这种无微不至的爱深深感动，我常常讲一句话："我每天都被母亲感动着。"然而久而久之，我意识到这种感动开始慢慢变成了不理解。面对同一碗面，当母亲一次又一次守候在公司楼下的时候，我感受到的不光是温暖，还有一种负担。这种负担一方面来自于母亲的做法似乎不符合当下这个环境，另一方面来自于对母亲的心疼。

记得有一次，天空下着小雨，当我看到母亲浑身湿漉漉地站在那里，手里捧着一碗面条，我一时没能控制住自己的情绪，说了一番冲动的话："我已经不是小孩子了，我能照顾好自己，你看，外面下着雨，你都被淋湿了，以后不要再给我送饭了！"虽然我的语气加重，但母亲依然露出慈祥的笑容，她并不生气，而是点头说："好！好！"

从小到大，母亲爱我们的方式变了，爱始终未变。

后来，在写作者采访我父母的时候，我还特意让写作者问母亲，为什么如今还依然为我送饭，是担心我工作忙没时间吃早餐吗？还是因为别的什么？我在一旁看着写作者提问，预想母亲会说出这样或那样的话，然而母亲什么都没有说，她只是一直在笑。对此我思考了很多，最后我也找到了属于自己的答案："爱其实很简单，母爱更是简单的，父母为我们所做的一切，没有复杂的理由，只是一种爱的自然流露，它可能会体现在为我们做一桌子我们爱吃的菜，也可能会体现在经常打电话关心你的工作或嘘寒问暖。如果我们习惯于将这种爱复杂化，非得要一个自认为合理的理由，这个理由是不存在的。所以，不去揣摩'爱'的原因，只要目的是为了快乐，这才是最重要的。"

无私的母爱

很久很久以前，有一棵又高又大的树。一位小男孩，天天到树下，他爬上去摘果子吃，在树荫下睡觉。他爱大树，大树也爱和他一起玩耍。

后来，小男孩长大了，不再天天来玩耍。一天，他又来到树下，很伤心的样子。大树要和他一起玩，男孩说："不行，我长大了，不能再和你玩了，我要玩具，可是没钱买。"

大树说："很遗憾，我也没钱，不过，你可以把我所有的果子摘下来卖掉，你不就有钱了？"

男孩十分激动，他摘下所有的果子，高高兴兴地走了。此后，男孩好久都没有来。

有一天，男孩又来了，大树兴奋地邀他一起玩。男孩说："不行，我没有时间，我要替家里干活呢，我们需要盖一幢房子，你能帮忙吗？"

"我没有房子，"大树说，"不过你可以把我的树枝砍下来，拿去搭房子。"于是男孩砍下了很多的树枝，高高兴兴地运走去盖房子。看到男孩高兴，大树也好快乐。

此后，男孩又不来了。

一年夏天，男孩回来了，大树太快乐了："来呀！孩子，来和我玩呀。"

男孩却说："我心情不好，我一天天长大，我要扬帆出

海，你能帮我造一艘船吗？"

大树说："把我的树干砍去，拿去做船吧！"于是男孩砍下了树干，造了条船，然后驾船走了，很久都没有回来。

大树好快乐……但似乎有些失落。许多年过去，男孩终于回来，大树说："对不起，孩子，我已经没有东西可以给你了，我的果子没了。"

男孩说："我的牙都掉了，吃不了果子了。"

大树又说："我再没有树干，让你爬上来了。"

男孩说："我也老了，爬不动了。"

"我什么都没有了，只剩下一棵树根。"大树说。

男孩说："这么多年过去了，现在我也感到累了，我现在什么也不想要，只想要一个休息的地方。"

"好啊！'根'是最适合坐下来休息的地方，坐下来和我一起休息吧！"男孩坐下来，大树高兴得流下了眼泪。

这是我们每个人的故事，这棵树代表着我们的母亲。小时候，母亲陪在我们身边，长大后我们离她而去，当我们漂泊许久，回家才发现母亲永远是我们心中最温暖的依靠。

所以，无论我们走到哪里，母爱都是不会疏远的爱。母爱其实很简单，那就是她总会把最好的留给我们。母亲会以自己的方式来爱我们，不管这种方式是不是我们喜欢的，我们都应该试着去接受，就像你用你的方式去爱母亲，也不一定就是她所喜欢的一样，母与子、母与女彼此都需要多一些包容和理解，而不要总想着去改变对方。但不管何种方式，目的都是想要让对方获得快乐。莎士比亚说："付出不光是让对方有所收获，也是让自己获得更多。"

父母对于我们的爱，做法可能有很多种，但想法往往只有一个，那就是如何让我们过得更好。如果我们把焦点放在父母的做法上，或许他们的很多行为都是我们不愿意接受的，但是如果我们把焦点放在父母的想法上，所看到的即是"两颗心"，一颗是"可怜天下父母心"，一颗是"父母的一片苦心"。

父亲的教诲

一个人一生中最难忘的记忆，无外乎和家人在一起的日子。回忆小时候的故事，除了几个自己经常去玩耍的地方，童年中最深刻的烙印依旧是父母对我的谆谆教诲。

在我的记忆中，从小到大，父亲很严肃地批评过我几次，其中一次令我印象深刻，那是在我读小学四、五年级的时候，有段时间，我迷上了打牌，经常和同学一起玩得不亦乐乎，有一天，我们玩了一个通宵，我住在了同学家。第二天一早，大概是八点多钟，在回家的路上我遇到了父亲，他是来找我的。我夜不归宿父亲很担心，对于我打牌这件事，他严厉地批评了我，我永远都不会忘记那一刻，父亲脸上失望的表情，对此，我感到很内疚，认识到了错误，回到家之后，我把扑克牌全烧了。

"不就是玩牌吗，至于吗？"我相信很多人都会有类似的经历，在你小时候，父母批评了你，甚至是动手打了你，你完全不能理解他们为什么会这样做，如果你通过这件事情怀疑过自己在父母心中的位置，心里受到

为了家庭，父亲瘦小的身体扛着巨大的压力。

过一些伤害，那么我要告诉你，直到今天我依然很感恩父亲每一次严厉地批评，这是因为他让我懂得了什么叫找准自己的位置，也让我明白了什么叫"可怜天下父母心"。所以，无论你身份地位有多高，在父母眼中你永远都是孩子，如果你去顶撞父母，不管你做的是对是错，这件事情本身就是个错误。父母是因为爱我们才会批评我们，他们只是想让我们变得更好，所以，我们要多理解父母的这种心情。

我们与父母相处的状态，呈现的是我们的内心和智慧是否安宁和平。了解父母心中的真实想法是什么，本身就是行孝和自我修炼的过程。或许，你可能不理解为什么父母会有这样或

那样的做法，但今天的你完全不必再因此而感到不解，因为你需要明白，只要你不执着于每件事都非要得到一个理由，母爱、父爱如山就好理解了。

那么，如何理解父母的真实想法呢？有一点需要铭记，那就是："中国式的亲情，习惯于把感情藏在'谎言'中。"我们的父母通常会以"撒谎"的方式给予我们更多的爱。透过这些善意的谎言，我们可以看到，作为父母，为了儿女，他们是心甘情愿做出奉献和牺牲的。比如，你每次给他们打电话，他们都会说："我和你妈在家挺好的。"然而回去一看，发现厨房里放着的就是一锅热的发黄的米饭。"没事，好好工作，不用惦记我们。"其实他们特别想你，每天都在等你的电话。"我们俩身体很好，别挂念"，也许两人刚从医院回来。

2017年，年度十佳中的微小说有一篇题为《撒谎》，我把这篇小

读小学时，去学校的路，路上方就是学校的操场。

说摘抄在下面，相信你看完它之后，对父母的爱会有一个新的认识。

母亲打来电话，说父亲上山放羊，不小心摔断了一条胳膊。一个小时后，我匆匆赶到医院，见到了手术后还处于麻醉状态的父亲。

"你爸进手术室前不让我告诉你这件事，害怕你担心，但我没忍住……一会儿你爸快醒时你回避一下。出去打个家常电话……"

我点点头，但我看到了同病房的几个人开始窃窃私语。

不一会儿。父亲似乎要醒了，我赶紧走出了病房。

大约十分钟后，我拨通了父亲的手机。

"爸，干什么呢？"我忍住哽咽的声腔问道。

"啊……"父亲声音有些迟缓，"和你几个大伯玩扑克呢……"父亲说到这里，声音显得精神起来。

"输了赢了？"我问道。

"啊……输了啊。你这小子，干吗在我手气不好的时候打电话。"父亲和我开着玩笑，尽力让我感觉到他一切都很正常。

"我不信。"不知道为什么，我就配合父亲，孩子气地追问到底。但我随之又后悔了，父亲现在正躺在病房里，他怎么证明给我看？

"老古，该你出牌了……"我听了出来。电话里是刚才父

亲病房的一个病友的声音。父亲停顿了一下，紧接着高声对我说："不和你说了，忙着下牌了。来来来，我黑桃3……"父亲说着，挂断了电话。

就在刚挂断那一瞬间，我放声大哭，毫无顾忌。

那天我们都在撒谎，但是那种谎言，让我深深理解了什么才是真实的爱。

念亲恩

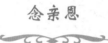

是父母给了我们生命，仅凭这一点，就应该无限的感恩他们。

从幻想中走出来，接受父母真实的样子，这样人才是真正走向成熟。

代沟不是问题，不知道理解和包容才是大问题。

学会和父母沟通首先要找准自己的位置，不能以自己的想法去想对方。

沟通不畅说明关系不和谐，关系不和谐最大的原因就是不知道感恩。

"执子之手，与子偕老。"一生心血，只为你好！

当我们的观念和父母观念遇到冲突时

第 **4** 章

用理解的眼光去看对方，而不是以自以为是的关心去管对方。

如果我们总是拿自己的尺子去量对方，那么我们不但不能为父母带来快乐，反而会为他们增添烦恼；如果我们用父母的尺子为他们量身定制，他们一定会非常喜欢。

仁之实，事亲是也；义之实，从兄是也。

——孟子

我在某本书上看到过一个观点，说在中国"送礼"是一种文化，也是一种智慧。一个真正会"送礼"的人，送出去的礼，收礼人会非常喜欢，而礼只有在收礼人喜欢的情况下，才送得有价值，才会成为真正意义上的礼物。相反，如果对方不喜欢或完全无感觉，那么这个礼送的就是没有价值的，甚至对于收礼的人也是一种负担。比如说，你特别喜欢一样东西，但你的朋友不喜欢，那么送他就没有意义。反之，你把喜欢的东西分享给不懂它的人，也可能达不到送礼的效果。

语言也是一种"礼物"，我们每天对别人、对自己讲的话，也可以视为"礼物"。比如你对朋友讲关心的话，对爱人讲体贴的话，对父母讲感恩的话，这些话传递的感情对于他们来说或许就是最好的礼物。那么"语言礼物"是不是也跟其他的礼物一样呢？生活中我们经常听到有人讲："我明明是在关心你啊，你为什么不能理解呢？""我不需要你这样的关心，你关心好自己吧！"

人往往有一个习惯，那就是我喜欢什么便试图让别人也一同喜欢，希望引起别人的共鸣，并获得认可。举个例子，你在微信朋友圈里看到一篇短文，觉得写得非常好，深受启发，于是你把它转发给几个朋友，这个时候你当然希望你的朋友和你一样去读这篇短文，然后跟你互动，为你点赞，这样你会很开心，因为你得到了认同。当有些人对你所发文章从头到尾一条消息都没有，没有任何反应，这个时候你心里可能会有一种受伤害的感觉："为什么我把好的东西分享给你，你却视而不见呢？"其实人会有这样的想法，很大一个原因就在于，面对同样的事物，你喜欢的不代表别人也会喜欢，别人喜欢的不代表你也会喜欢。所以，如果我们总是以"我觉得""我认为"这样的想法去面对生活，在达不到目的之后往往就会受到伤害，觉得枉费了自己的一片"好心"。

《论语》里有句话："己不所欲勿施于人。"自己不愿别人怎样对待自己，就不要那样去对待别人。同样的心理，放在跟父母相处这件事情上，道理是一样的。我们可能经常会觉得父母的一些想法是不对的，然后想要通过自己的某些做法去改变他们，如果他们接受这种改变，你会感到很愉快，因为这是你希望看到的结果。但是，如果反过来看，你肯定有一些时候会反感父母，因为他们总是以自己的想法来规划你的人生，你认为那只是他们想要的结果，完全没有顾及到你的感受，因此产生了矛盾。其实，若从两方面来看，这个问题处理起来就很简单，因为改变别人是难的，改变自己则是容易的。

生活中，我们经常能看到一些儿女，去看望父母的时候买了很多礼物，但实际上这些礼物可能并不是父母所需要的，但父母又不能表现出不喜欢，结果很多东西放在那里一次都没用过，这个时候儿女就很不理解："给你们买的东西你们为什么不用？你们不用我以后还买不买？"面对这个问题，父母可能会委婉拒绝："以后你什么都不要给我买，我什么也不缺。"但事实真的如此吗？子女和父母的种种问题为什么会出现，就是因为双方的想法不一样，观念不一样，所以会产生矛盾和冲突，导致双方都不理解对方。

从小，母亲给我的感觉是和蔼可亲，处处为我着想的。

有一个朋友，特别喜欢吃榴莲，认为榴莲不仅味道香甜，营养也很丰富，于是她有一次回家特意为母亲买了一个特别大的榴莲放在门口，吃完晚饭她就回去了，然后母亲闻到房间里有一股很奇怪的味道，找了好久发现是门口这个东西散发出的味道，母亲认为榴莲坏了，然后顺手就把它给扔了。第二天女儿打电话问母亲榴莲好不好吃，母亲很生气，说那个东西能吃吗，到现在房间里还有它的味呢。

看看，本是一件小事，好事，事先没沟通，变成了坏事。

喜欢的就是最好的

每个人心里都有自己的一套标准，你的标准不一定符合对方的要求，对方的标准也不一定符合你的想法，所以面对一件事情，标准不一样，看法就会不一样，两种不同的看法遇到一起，就很容易产生冲突。那么，如何才能化解这种冲突呢？

很重要的一点是，我们要学会尊重对方的标准，以对方的标准来满足他的需求，尤其在面对父母的时候，其实你做这件事的目的是为了让他们开心，但是因为你放不下自己的那一套标准，所以你总想要让对方顺着你的想法，最后明明是一件好事结果却闹得很不愉快，也就失去了做这件事的意义。

记得有一次，我的太太陪着父母去买衣服，这本身是一件好事，大家都很高兴，但是在选衣服的过程中，就开始出现矛盾了。我太太认为某件衣服很好看，很适合母亲，但是母亲不这么认为，她坚持要买她认为好看和适合的那一款，但恰恰母亲认为好看和适合的那一款太太又不看好，最后这件事情就闹得很不愉快，究其原因就在于彼此观念上产生了冲突。

后来我知道这件事情，跟太太讲："不是东西的好坏使双方发生争执，是你们的观念和想法不一样。作为儿女，我们肯定是希望把更好的给父母，但问题是，我们认为好的东西父母不一定觉得好，这个时候，如果我们用自己的那一套标准去要求对方，并且想要对方做出改变，那么即便对方接受了，他

们的内心也不是快乐的。所以，当我们的观念和父母遇到冲突时，要用理解的眼光看待他们，要知道，我们喜不喜欢不重要，重要的是父母喜不喜欢，他们喜欢的，就是最好的。"

怎样用理解的眼光看待父母？我再举个例子。父母搬到城里来住，我给他们的房间里装了空调，过了好久才发现，这个空调从买过来之后好几年，一次都没有使用过。一开始我不理解为什么会这样，包括这么多年来，带父母到饭店吃饭都是很难得的。后来父亲跟我讲了一件事，他说："现在的年轻人看到马路上有一毛钱都懒得弯腰去捡，他们过去是一颗饭粒掉在地上都要捡起来把它吃掉。"父亲的话让我想明白了，每个人，因为他的人生的经历不同，所以面对事情的态度也会不一样，面对事情的态度不一样，就会有不同的选择。这从某种意义上来说，选择没有对错，只有合适不合适。因此面对不同的选择，我们要学会理解。

可能有人会说："很多事我没有经历过，怎么去理解呢？"事实上，我们发现，大部分父母是不会要求儿女一定要理解他们的。不理解没关系，但是我们不能总是以自己的想法去要求父母。想一想，你的父母有对你说过"孩子，你一定要理解我吗"？没有吧，所以学会理解父母实在很重要。

如何解决代沟问题

有的时候遇到某些问题我们尝试跟父母沟通，但发现怎么说也说不通，于是便认为彼此间存在代沟。"代沟"这个词是美国著名人类学家玛格丽特·米德在二十世纪六十年代的时候提出来的。她认为：代沟就是新老两代人之间在价值观念思想方法上存在着心理隔阂和距离。也就是说，在中国古代是没有"代沟"这个词的。中国古代认为"家有一老如有一宝"，以家里有老人为荣，对父母长辈非常尊敬，不存在今天所谓的"代沟"，儿女孝敬和感恩父母是天经地义的事。

那么，在现代社会，为什么儿女和父母之间会产生代沟？我认为，某种程度上，因为人在小时候感觉或期待父母是完美的人，无所不能，长大后才知道父母不仅是普通人，而且也会犯错误。当小时候的很多期待没有得到满足，因此而产生的情绪积压在心里，而受这些情绪的影响人一直活在小时候的感觉里无法长大。还有因为渴望获得更多的安全感，所以幻想父母能够给予自己更多支持和关爱，于是站在比父母更高的位置上，试图让他们成为自己理想中的样子，要求他们做出改变。这些幼稚的"婴儿式期待"破坏了彼此间的关系，滋生了很多负面想法，比如逃避现实、推卸责任等。

解决"代沟"问题并不难，我们可以总结为以下两点做法。

第一，接受和尊重父母并心怀感恩。

与父母沟通不畅，实际上是我们与父母的关系有了问题。而问题中最重要的一个原因是因为儿女对父母不知道感恩。其实，接受父母真实的样子，别再以自我需求向父母提出要求，不要幻想父母可以完全按照自己的想法去改变，明白"尽孝"是传统美德，父母永远是我们人生中要去感恩的人就可以了。子女若能够认清这一点，就可以找准自己的位置，知道什么事情该做，什么事情不该做。古人说：懂得安位才知道感恩。子女在面对父母的时候，不要总是想着索取和改变他们，否则，就会进入到"不理解父母"的怪圈中。

第二，理解和包容父母，多一些爱心和耐心。

我们现在说跟父母有"代沟"，无法沟通，但是我们想一想，在我们两三岁的时候，什么也不懂，那时父母跟我们沟通就没有所谓的"代沟"吗？面对"代沟"，父母是不是拿出爱心和耐心来对待我们呢？另外，今天有人认为他们和父母之间有很深的"代沟"，实际上，他们没有想过，总有一天自己也会成为父母，面对儿女，是不是也会产生很深的"代沟"呢？到那个时候，你是希望儿女对你多一些理解，还是像今天的你一样，因为所谓的"代沟"就不再与父母沟通了呢？所以说，理解父母就是理解自己，一个懂得包容的人才会得到别人的包容。

人只要多一些爱心和耐心，多一些包容和理解，即便与父

母存有"代沟"，也能在"沟上"搭建出一座爱的桥梁，建立起良好的沟通方式，让爱重新流动起来。

念亲恩

是父母给了我们生命，仅凭这一点，我们就应该无限的感恩他们。

"代沟"不是问题，不知道理解和包容才是大问题。

学会和父母沟通首先要找准自己的位置，不能以自己的想法去要求父母。

与父母沟通不畅说明关系出了问题，关系出了问题最大的原因就是我们做子女的不懂得感恩。

感恩之心离富足最近。感恩什么才会拥有什么，感恩多少才会
得到多少……

第 5 章

学会对父母讲善意的谎言

有时候，谎言很美丽，她的名字叫"善意的谎言"。

在物质方面满足父母的需求，聪明的儿女往往会用"善意的谎言""骗"父母，"骗"走的是父母心中的"舍不得"，"骗"来的是儿女想要的父母"真快乐"！

孝行天下
——走近我们的父亲母亲

惟孝顺父母，可以解忧。

——孟子

人到底该不该说谎？对于这个问题，有人把谎言归类成以下两种。第一种谎言是对自己有利，对别人有害；第二种谎言是对双方都有利无害。第二种，被称为"善意的谎言"。什么意思？就是说，当一个人要撒谎的时候，会知道这个谎言是否会对别人造成伤害，或者是否会给别人带来成就，以此作为判断和衡量要不要"说谎"的一个基准。有些人不明白到底什么是善意的说谎，一个很经典的故事让我们明白，生活中的"善意谎言"往往不会欺骗别人，反而会鼓励别人，甚至是让别人收获幸福和成功。

有五个矿工在一次事故中被困，他们必须要有一个人来"报时"才知道时间，"报时"的矿工故意把手表的时间调慢了很多，因为时间调慢，最终使得其他人有信心活了下来。

智者有云："少讲伤害的话，多讲成就的话。"从某种意义上来说，"善意的谎言"是一种增进关系的润滑剂和面对生活的艺术。尤其在与父母相处的过程中，有的时候，儿女一句"善意的谎言"，可以解决很多问题。比如女儿带着妈妈去逛街，妈妈相中一件衣服，一看价格，扭头就走。女儿对妈妈说："妈妈你试一下。"妈妈说："不试了，我不喜欢。"其实这件衣服妈妈很喜欢，她只是觉得价格太高了。女儿知道妈妈心里是怎么想的，于是她就带妈妈到另外一家店，也有类似的衣服，她趁妈妈试衣服的时候跟售货员讲："一会我妈妈问价格，你就说这件衣服剩最后一件了，打折，很便宜，然后我把钱先付给你。"售货员按女儿的话讲给妈妈，妈妈很高兴，回家了还在讲买东西就要买打折的。女儿看到妈妈高兴自己也很开心，她能够把这件事情做得让妈妈满意，是因为她"善意的谎言"。

面对同样的事，有些儿女不懂得变通，很容易较真，比方说，就拿陪父母买衣服这件事来说，不知道有多少儿女觉得自己出于一片好心带着父母去逛街，然而父母非常固执，明明很喜欢，却因为价格高而不买，让自己很无奈。面对这类问题，其实儿女要这样想，父母勤俭惯了，买东西尽量买实惠的，这样一方面会让他们觉得自己有这个消费能力，另一方面是让他们认为能买到喜欢的东西多花一点钱也是值得的。

子女一般遇到这种情况，通常的做法是说服，说服不了，最后可能就是不欢而散了。但还有一种做法其实很简单，如上所述，只要动一点点心思，"哄一哄骗一骗"，就能够获得想要的结果。

我们经常讲，"条条大路通罗马"，凡事以结果为导向。懂得变通、有智慧的人不光是目的明确，方法也很多样。还是以陪父母逛街买东西这件事为例，其实儿女都明白父母之所以不愿买是因为舍不得花钱，在这个问题上，儿女可以绕过这个问题，避重就轻，或以"善意的谎言"把事情做成，千万不能

纠结于此。

可能有人会问："父母又不是小孩子，用得着哄吗？"道理我前面已说得很清楚，父母对孩子永远是付出，而对于孩子的付出父母实际上很心疼。子女要少跟父母讲道理，多跟他们讲感情。尤其对于消费观这个问题，想要用讲道理的方式来说服父母，百分之九十九是说不通的。其次，父母年龄大了，有的时候真的很像小孩子，所以，让他们开心其实很简单，"哄一哄骗一骗"，很多问题都会迎刃而解了。

父母需要"有些哄骗"

我有一个朋友，在北京工作，他的父母偶尔会到北京看他。有一次，他带着父亲去北京的大商场里买衣服。老人相中了一件衣服，要付钱的时候，老人看到价格是三千多块钱，马上给退了回去。

朋友很无奈，觉得老人这样做让自己很为难。于是他想了一个办法："爸，今天我们是出来购物的，你不买，我自己买啦？""你自己买吧！"他的父亲回答道。

这个朋友开始给自己挑衣服，最后结账的时候，一共花了两万多块。他的父亲觉得儿子花钱不算计，就教育他挣钱不易，要节省。儿子回答道："爸，我花这些钱买衣服对我而言没有经济压力，我有这个消费能力，另外，我工作很辛苦就当是给自己的奖励……"

父亲不说话了，在回家的路上，父亲犹豫了很久，最后对儿子说："其实我那件衣服真的挺好的，但价格确实有点贵。"第二天，朋友把那件衣服买回来交给父亲，父亲嘴上虽然还一直在批评儿子乱花钱，但脸上却掩盖不住心中的幸福。

还是我这个朋友，有一次，他的母亲来北京，想要出去做头发，他正在外地出差，就让家里的保姆带着母亲去。到了发廊，老人问："烫头多少钱？""八百块。"店员回答。"这么贵！能不能便宜点？"老人一直跟店员讲价。保姆在一边看得很清楚，知道老人对店员说的那个价格是不会接受的。但她也没有办法劝老人，就给我的这个朋友打电话，朋友听明白后，就安排这个保姆跟那家店长说，收老人一百块钱，其余的保姆偷偷补上。

就这样，老人做好了头发，非常满意，晚上回到家，给我这个朋友打电话："北京的师傅手艺就是好，价格也不贵，下次我还来北京烫头发。"

这就是大部分老人的心理，因为曾经吃过很多苦，过去的日子过得很艰难，所以他们舍不得花钱，有些东西虽然他们很喜欢，但想到儿女赚钱不易，于是他们很少会为了满足自己的欲望而让儿女去破费。但是站在儿女的角度讲，很多儿女经济实力是不存在问题的，所以儿女只要用一点心思，绕开父母的想法，既不说服父母，也不证明自己，悄悄地把

孝心尽到，彼此心里都会很幸福。

父母年龄大了，与之相处说复杂即复杂，说简单也很简单，关键看儿女以怎样的沟通方式去对待他们。如果儿女把焦点放在如何行孝这件事的过程上，就会发现有些事总会跟父母产生这样或那样的冲突，当解决、化解冲突时，要么改变对方，要么改变自己，而无论哪一方做出妥协，这件事情往往都会失去原有的意义，大家都不开心。相反，如果儿女把焦点放在如何获得想要的结果上，就像上面讲的我的那个朋友一样的做法，会发现自己所做的一切无非就是让父母开心，这个过程无论发生了什么都不重要，结果好就可以了。并且，年龄越大的老人，与之相处就要越简单，很可能有一天他们知道了你在"骗他们"，但这种"骗"对于他们何尝不是一种幸福呢。

让父母安心即是孝

《论语》有云："父母在，不远游。游必有方。"这里所指的"方"是我们心中的方向，是我们的志向。当我们离开家外出打拼，让父母放心最重要的一点是，父母知道我们在外面做什么，有什么样的志向和梦想，如果我们做什么父母都不清楚，他们的心永远会是悬着的。

常言道，"儿行千里母担忧"，儿女与父母之间，若心相远，彼此便会心生忧愁及牵挂感。有了这种忧愁和牵挂，儿女在

外做事就没有
"生根"的力
量。所以我们
经常会看到一
种现象，对父
母孝顺的人，
跟父母关系很
好的人，做事
就更容易成

刻苦读书是为了将来有能力让父母生活得更好。

功。归根结底，这是源于人内心对孝的认识。

　　对于年轻人而言，最基本的孝顺是让父母放心。我们看到一些年轻人离开家进入社会，报喜不报忧的这种表现，其实这也是一种孝心。儿女面对压力，知道父母帮不上忙，跟他们讲也只会增加烦恼，所以宁愿自己一个人去面对。当然，我们不是说儿女在外有任何的不愉快或压力都不能跟父母讲，父母年纪大了，多跟他们说此类事，会给他们增加压力。所以，做儿女的要把压力转换成动力，去承担更多的责任。

　　俗话说得好："穷人的孩子早当家。"我本人对这句话深有体会。家庭条件不好，往往会使一个人更早走向成熟。比如我在上高中的时候住校，妈妈担心我吃不好，每隔一段时间就会到学校来给我送炒好的梅干菜，一次一罐。这个梅干菜相当于我们常吃的咸菜，不是什么很好吃的东西，但是当时我就想，能节省就节省一点，妈妈跑了那么远的路非常辛苦，我很心疼她，同时也非常感恩她，所以每次她来的时候，之前送的尽管还有富余，我也表现出高兴的样子。那时我是真的舍不得吃，当时的想法是让妈妈看到这些菜够我吃，就会让她放心、不惦记。

和父母"打交道"，尤其是和年龄比较大的父母相处，要像对待孩子一样对待他们，而对待孩子父母常用的交流方式就是"哄骗"。"哄骗"是一种"善意的谎言"，是一种与老人交往的智慧，所以说，孝顺父母也是在涵养自己。《孝经·开宗明义章第一》中所说："夫孝，德之本也，教之所由生也。"一个人最大的改变是从他懂得孝顺父母开始的，所以，对父母尽孝实则饱含了非常多的人生智慧。

念亲恩

孝顺父母是一个人走向成熟的标志。

孝顺无小事，小事做好了就变成了大事，大事做好了都是小事。

与父母打交道越简单越好，因为美好的爱从来都不是复杂的。

孝顺父母的方式有很多种，让父母放心则是儿女每天都应做的事。

对父母讲"善意的谎言"不是"骗"，是绕开冲突的一个好方法。

"行孝"即"行笑"，父母开心是王道；
"行孝"即"行笑"，父母快乐最重要。

第 **6** 章

加强对父母行孝的认知

不得乎亲，不可以为人；不顺乎亲，不可以为子。

孝敬父母的路有很多，如果我们选择"逆道而行"，则一条也走不通。孝的关键是"顺"。"顺"不是一味地顺从，"顺"是放下我们的"看不惯"，"顺"是丢掉我们的"不耐烦"。

事其亲者，不择地而安之，孝之至也。

——庄子

孝是做人之根本。不管我们事业做得多大，孝心一定要放在前面，不管我们有多么大的权力，也要把"孝字当头"。人走得再远也不能忘记行孝这个事情。

孝道的教育目的在于"行"，这个"行"首先是行正道，然后是持之以恒。儿女只有明白了什么是孝，才会行孝道，才会行孝得更好。

父母的无助与无奈

住在城市里，偶尔会遇到家乡父老，只要能挤出时间，我都会为他们买好回家的车票，每次送他们到车站，我的心里都会有一种说不出的温暖，那是一种很难在其他方面获得成功能体会到的美好感受，是发自内心的快乐，是会让人身心舒畅，充满正能量的一种感觉。我也曾回想为何会有这种心情，最后得出答案，是孝使我内心升华，让我在感恩当中获得心灵的滋养。

行孝的目的是报恩，报父母的恩。吃水不忘挖井人，我们来到世上，不能忘记父母的养育之恩。报恩，不只是让父母衣食无忧，更是让他们得到爱的回报。儿女除了孝敬自己的父母，还应去关爱更多的老人，这会让我们找到生命的意义。

每次回到家乡，去看望村里的一些老人，脑海里总会不由自主地浮现出一副画面——那是在我小时候，经常看到村子里的年轻人因为家庭条件不好，为了一点点的利益兄弟姐妹间发生争执，最后闹得恩断义绝，留下的只有父母脸上深深的无助。长大后这些事让我明白了，儿女之间针锋相对，最受伤害的不是彼此双方，而是父母。所以每当我看到有些老人辛苦一辈子全都是为了儿女，结果老了之后成了"孤寡"老人，成了儿女的"累赘"，都感到非常之心酸。

农村的很多老人会遇到这样的问题，不管生活多么不易，他们不愿指责儿女。俗话说："手心手背都是肉。"对于父母而言，只要儿女过得好，哪怕剩下最后一块钱，

在伯父家，可以看到整个村庄的面貌。

也会分给儿女，自己一分不留，这样做，他们心甘情愿。

我虽离开农村，在城市生活多年，同样设身处地感受到城市里一些老人的无奈。城市里的一些年轻人往往觉得，跟父母平起平坐，你对我好我便对你好，父母生病了陪着去看病，没药了给父母买药，已经是做得很好了，毕竟自己工作是那么的忙。我听到过这样一则消息："一个老人，有一儿一女，儿子做生意，女儿是一名医生；女儿住在离老人隔着两条街的小区里，儿子家离老人也只有几公里，老人去世了半个月，儿女

2016年11月3日，我的家乡姜坞村列入第四批中国传统村落名录公示名单。

才知道。"也就是说，老人什么时候去世的，离开前有什么想说的，儿女什么都不知道。对于这件事，社会上很多人都在讨论，有的人说儿女不孝，为什么不能常回家看看，有的人说可以理解，儿女工作压力太大。抛开这些争论，从另一个角度去想，老人就这样走了，难道儿女的心里不会有内疚吗？这种内疚难道可以用任何理由去抹平吗？虽然我不能亲身体验这对儿女内心当中的真实感受，但是通过这个问题来反观自己，父母的生活过得怎么样，他们的身体今天有没有不舒服，我又知道多少？

一个人一生中最大的遗憾，就是父母已经离开了才发现自己还没来得及尽孝，原本以为在生活上给予父母满足就是孝心，其实，很多儿女等到父母离世，才开始认识到心中对父母未尽孝心的诸多遗憾。

不留遗憾才是最大的成功

古时候有个人叫杨璞，他父亲去世的早，从小跟母亲相依为命。杨璞长大后，一心想学习长生不老之法，于是准备出门远行。杨璞的母亲听到这个消息，伤心地对儿子说："儿啊，你想错了。圣人说'父母在不远游，游必有方'，你难道不知道吗？你若出远门，留下我一个人，无依无靠，该如何是好！"

杨璞听不进母亲的话，他听说峨眉山的无极大师有长生不

老之法，于是偷偷离开了家。杨璞走后，母亲日夜想他，每天以泪洗面。

两个月后，杨璞来到峨眉山下，遇到一位鹤发童颜的道长，对他说："这不是杨璞吗？"杨璞心想，他与此人素不相识，对方却知道自己是谁，必定身怀绝技。于是问："我是杨璞，道长在此等待何人？"道长说："专等迷路之人。"杨璞"对号入座"，认为自己正是迷路之人，于是跪拜，请教长生不老之法。

道长说："长生自有长生法，不老自有不老丹，何必西游上蜀川？要想求长生，回家问佛祖。"杨璞说："佛祖不在西方吗，怎会在家里？"道长说："远在西天，近在家园，回家自见。反穿衣服，倒穿鞋，此人便是佛。"

杨璞相信了道长的话，往家的方向走，走了很久，在夜半之时回到家门口，连声叫门，母亲听到是儿子回来了，急着去开门，把衣服穿反了，鞋子也穿倒了。等把门打开，杨璞一看，恍然大悟，反穿衣服、倒穿鞋的人正是自己的母亲，他终于明白道长的用意，何为长生不老之法，就是一个人在离开这个世界的时候，不留下任何遗憾才是活得有意义。从此以后，杨璞对母亲细心照顾，陪着母亲走完了生命的最后一年。

母亲去世后，杨璞没了牵挂，于是外出云游访道。这次他不是为了寻找长生不老之法，而是想要找到一个跟他母亲一样的孤寡老人来奉养，弥补心中的遗憾。他苦苦寻找了三年，依然没找到心中的理想之人，心灰意冷之时，突然看到一个乞丐与母亲十分相像，于是非要认乞丐为母。谁知乞丐提出条件：自己虽跟随杨璞，但杨璞必须要听她的话。杨璞答应了。

回到家后，乞丐老母提出奇怪的要求，明明二月是播种节气，她非让杨璞等到四月再播种，因为杨璞曾经承诺必须听其话，于是照做。结果这一年春旱秋涝，二月他人种下的种子都旱死了，而杨璞四月种下的种子才发芽，之后正好遇到了雨季，得了个大丰收。

后来，杨璞连着三年谷秀双穗、马下双驹，期间还正好赶上给京城进宝成功，皇上召他到京城问他是怎么做到的，他回答说因为自己对老人有孝心。皇上知道杨璞是孝子，封官给他，但杨璞却说家中尚有八十岁老母，婉言拒绝，得到了皇上的称赞，杨璞认母的故事，也就从此传为佳话。

杨璞认母的故事让我明白了一个道理：一个人立业，如果父母没有安顿好，心会不安定，心不安定，做事便难以生根；所以我认为一个人不管有什么样的信仰，他首先应该是一个有孝心的人，倘若一个人对父母不孝敬，不管他有多么崇高的"品格"，也只是具有不合格的"品格"。另外，虽然我们可以通过很多做法来弥补对父母尽孝心中的遗憾，但有些遗憾永远不能弥补，比如对父母尽孝，不是自己事业有成或大功告成之后才去孝敬父母，而是有无能力都要去尽自己所能关爱他

们。因为时间是不等人的。

加强"行孝"的认知

我们要加强行孝的认知，我认为行孝可分为三个层次：孝身、孝心和孝性。

所谓"孝身"，也就是孝父母的身体，比如在衣食住行等生活方面满足父母，包括给他们买吃的、穿的、用的，这些比较常见的行为，属于行孝第一个层次——"孝身"。

我们身边多数人都做到了行孝的第一个层次，可是如果我们从客观的角度来看，其实有很多的父母，他们的真正需求不在这些，他们在经济方面并不依赖儿女，他们有养老保险和退休金，生活不成问题，并且他们对生活要求不高，物质上的满足并不会使他们感到多么快乐。那么，是不是"孝身"就不重要呢？当然不是。我认为"孝身"很重要，常回家给父母带一些礼物，买一些他们喜欢的东西他们会很开心，但是我们要在这个基础上不断去提高"行孝"的层次，不光要孝父母的身，还要孝父母的心。

现在社会上有很多组织经常会发起一些关爱老人的活动，有的组织为敬老院捐衣物，捐食品，这些我认为属于"孝身"，还有一些组织，不光为老人带来了吃的、用的，还陪他们谈心，听他们讲故事，这就上升到了我们所说的"行孝"的第二个层次——"孝心"。

"孝心"与"孝身"的区别在于，前者是让父母在心理上、心灵上得到温暖，后者更像是完成任务。例如有些父母行动不便，儿女为了照顾他们请了保姆，虽然这样做也是在行孝，但如果儿女能经常回到父母身边，多谈谈心里话，这才是老人的心愿。此外，让老人省心，不让老人操心和担心也属于"孝心"层面。《孝经》里讲："身体发肤，受之父母，不敢毁伤。"意指儿女的身即是父母的心，儿女的身体遭受痛苦，父母是最伤心的人。所以我们经常看到有些孩子生病了，父母很担心，说宁愿病生在自己身上。包括父母对子女嘘寒问暖，关心子女的工作和生活，都是父母爱子女的表现。所以，子女应尽可能地不让父母担心，不让父母操心，这也是行孝的一种。

讲到"孝心"，让我想起了我小时候的一段经历，回想这次经历，使我切身体会到了"儿女的身体即是父母的心"这句话的含义。我认为如果子女生病了，假如有人愿意替子女承受病痛，那个人除了是自己的父母不会有其他人。举个例子。小时候我因为辣椒吃多了半夜肚子痛，母亲见我疼痛难忍，带着我到城里去看病，随同亲戚进城之后，因为一些原因，母亲迷了路。当时那个年代，信息尚不发达，母亲没有文化，更没有电话，联系不上亲戚，看到我疼得直叫，母亲也急得哭了起来。她抱着我，站在一座桥上，迎着风，眼泪顺着脸颊往下流，那种伤心和无助我终生难忘。常言道："母子连心。"我

想这种感受从我那时起就感受到了。

有一位先生，自称自己是家里最孝顺的孩子，兄弟姐妹几个，只有他每次回家会给父母买很贵重的东西，陪母亲聊天、陪父亲喝酒，让父母非常开心。但他的兄弟姐妹却不这么认为："他是每次回家都能让父母很开心，但他也是我们兄弟姐妹当中最让父母操心的一个。无论在工作上还是生活上，最不让父母省心的孩子就是他了。"而这位先生的父母也是这样说的："我们这个儿子对我们非常好，但却是最让我们操心的一个，其他的孩子虽然不比他和我们更亲近，但让我们很省心。我们二老，最不放心的就是他。"

我对这位先生说："你认为自己是家里最孝顺的孩子没错，因为你在'孝身'的层面做得很好，但是在'孝心'的层面，你做的还远远不够。你想一想，有多少个日夜，你的父母为你担心，你在做事时，让你父母为你着急，这些是你买多少东西，偶尔陪陪他们所不能够代替的。你的兄弟姐妹虽然在尽孝父母某些方面做得不如你好，但是他们做事让父母省心，所以，如果你问你父母，你如何做才是真的孝顺，他们的心里话一定是希望你能够做事不让他们着急、担心，而不是你赚了多少钱，买了多少东西。人不理解父母，不懂父母的心，其实也是不孝的。"

行孝的第三个层面是"孝性"。孝性指的是孝顺老人的性格。比如，父亲的性格比较强势，很内向，平时很少与儿女沟

村子里的石板路。

通，遇事喜欢以自己的方式解决问题，当父亲的性格对儿女产生影响，或者是对儿女造成伤害的时候，儿女是否能够冷静地面对父亲，从"孝性"的角度去理解他性格，不抱怨，不记恨，仍关心，这才是一种高层次的行孝。同样，假如你母亲的性格比较外向，总是会多说一些话，经常会参与你的个人生活，如果你没有做到"孝性"这个层面，可能会觉得她很唠叨，甚至是很烦人，你经常不想回家，不想看到母亲。实际上，如果你能够做到对父母有"孝性"，就会明白每个人都有各自的性格，你不是在跟父母打交道，你是在跟他们的性格沟通，而且他们之所以有某种表现，也是因为不同的人生经历，这种人生经历使他们带有特殊的性格色彩。对这样的父母，你的态度需要改变，行孝方式需要调整，使父母的心性改变，这样既成就了父母，又成就了自己，也就是我们说的"孝性"。

"孝身"容易"孝心"难，"孝心"容易"孝性"难。作为儿女，要不断提升自己的行孝心性，在更高层次的孝道里去孝顺父母。在孝顺父母的同时，也让自己的心智变得成熟。我在讲课的时候经常对学员们说："行孝是为了让自己成为一个更好的人，个人好了家庭才会好，家庭好了社会才会和谐，社会和谐国家自然会越来越好。"所以说，如果我们真的可以做到从身、心、性三个方面去孝顺父母，那么解决的不仅仅是彼此的关系问题和家庭关系问题，在某种程度上，也是在人生的诸多方面和社会层面，会注入一种积极的能量。因此，加强对父母行孝的认知，不光是让做子女的我们学会如何行孝，它也是一种为人处世的智慧。

念亲恩

"儿女的身父母的心"，照顾好自己不让父母操心和担心，即是有孝心。

行孝的三个层次是"孝身"、"孝心"和"孝性"。考验一个人的孝，从"孝心"和"孝性"开始。

人生最大的成功是对父母行孝没有遗憾，人生最大的遗憾是没能对父母尽孝。

小孝是孝父母，大孝是孝天下的老人。小孝获恩典，大孝积功德。

曾经，我是父母手中培育的小草；

今天，我成为了他们依靠的大树……

第7章

孝不是自以为然，孝是顺其自然

刻意的不是爱，自然流淌的才是真爱。

一时的感动不足以称为孝，一世的温暖才是真正的孝。孝"走心"，不走形式。孝不是感受，孝是一种享受；孝不是给父母洗一次脚，送一些食物，孝是能在父母离世的时候你问心无愧。

孝行天下
——走近我们的父亲母亲

孝子之养也，乐其心，不违其志。

——《礼记》

父母是最需要我们陪在他们身边的人，虽然有些父母声称自己不需要子女陪伴，并且真的做到不用子女管，但事实上，他们是非常爱孩子的，他们支持孩子的选择，让孩子能够有自己的生活，所以自我约束，自行消化内心渴望陪伴的需求，忍受孤单。

在《父母离去前你要做的55件事》这本书上，作者列出了一个公式，假如你的父母现在60岁，父母余下的寿命是20年，并且你没有跟父母同住，那么，你每年见到父母的天数，大概是6天，每天相处的时间大概是11小时，所以，20年×6天×11小时= 1320小时，也就是说，你和父母相处的日子只剩下55天了。

所以，你一定要尽可能地拿出更多的时间去陪伴你的父母。

让爱自然流淌

孝道也是感恩。感恩是一种力量，感恩是一种责任，是付出真心的爱。《诗经·尔雅》中讲："善事父母曰孝"。孟子也说："孝子之至，莫大乎尊亲"。我一辈子都忘不掉父母对我的爱，我在心灵上得到温暖的每一个瞬间，都仿佛有一个令我只要一想起来就会感动的故事。在我小时候，我们家生活条件很差，家里只有一张床，父母、我和妹妹四个人挤在一起，父母朝着床头睡，我和妹妹朝着床尾睡，在冬天时，天气很冷，母亲会把我的双脚抱在怀里，整整一夜，让我感受着只有母爱才能给到孩子的那种温暖。家里虽然很穷，但是从小到大，我没有穿过一件带补丁的衣服，在那么艰苦的条件下，我不知道父母是如何做到这一点的。而今天我深深地感受到了，为了让我更好地成长，一直以来母亲把最好的全给了我，细心地呵护着我幼小的心灵，让我不受到伤害，为此她付出了自己的全部。

就是这些平淡的经历和感动的故事，时刻温暖着我的心，在点滴小事中，把对父母的感恩之心融入到我的血液，因此我也知道，我对他们的回报，也应该如涓涓细流一样，持续不断地流向他们的心田，而不能对有些话信以为真，认为父母真的不需要我的陪伴，相信他们所说的话："孩子，我们过得很好，只要你是快乐的我们别无他求……"做子女的绝不能迷失了方向，去追求所谓的成功，而忽略掉最宝贵的幸福，牺牲和父母在一起的时光，儿女只有多与父母在一起，才能感受到这世上独一无二的亲情。

那么，如何表达对父母的爱，我的理解是，给我们所爱的父母最好的礼物，就是耐心和时间。和面对所有人一样，如果我们不愿意在对方身上花时间，对其没有了耐心，也就反映了

我们和对方的关系和自己此时的心理状态。同样，衡量一个人对父母是否孝顺，往往也是看这两点，孝顺父母，无关乎我们拥有多少财富，给了父母多少钱，更在于我们腾出了多少时间陪在他们身边，和他们在一起的时候有多少耐心。

孝，不走形式

孝不是感受，孝是一种享受。感受是你做这件事自己心里能得到什么，享受是彼此双方自然融化在爱和感动之中。

在这个信息大爆炸的时代，人们对尽孝也有许多形式。比如，我们时常会在网上看到某些组织教育学生集体跪拜父母、向父母磕头以表感恩之类的做法；还有组织人员去敬老院给老人免费理发、洗澡等，这都是非常好的做法。而子女既然有心尽孝，对父母一定要做到真切的关怀，无微不至的暖心。在父母需要的时候，能够随叫随到；在父母身体抱恙的时候，能够端杯水、递下药；在父母唠叨的时候，能够静心聆听，而不是不耐烦地"顶嘴"……子女一个具体的关怀，远胜过一句嘴上的话。

子女在不了解父母内心的真实想法的时候，应多与父母交流、沟通。在我学习"行孝"的过程中，我曾做过"为父母洗脚"这样的"作业"，我想我也应该这样去做，但父亲的一句话使我明白了"行孝"更要"走心"，而不能流于形式，真正的孝不光是子女自认为该对父母做什么，能得到什么样的感受，更重要的是在做这件事的过程中，你和父母是不是真的都很享受，你们之间的爱是不是完全在自然地流淌融合。

在接受为父母洗脚的"作业"之后，我回到家，对父亲说："爸，老师让我们给父母洗脚，我也给您洗洗脚吧？"父亲说了一句话让我愣住了，他说："等我走了之后你再给我洗脚。"我完全没有想到父亲会这样回答我，这句话的含义很深，当天晚上我躺在床上想了很久，后来想明白了，孝顺不是体现在一种单纯的层面上，为了行孝而行孝，反而是流于形式，并不代表就是孝顺。孝，不应是刻意去做，孝，应是顺其自然。流于形式往往会给父母增加负担。为父母洗一次脚，给他们磕头，把所谓尽孝的图片发到朋友圈里去宣传，这些做法既是孝，也是不孝，因为任何事物一旦形式化了，就会变了味道，甚至对社会会产生不好的影响。

孝，要做到"走心"

最近在网上看到这样一篇报道："85岁的老人是某高校的教授，退休之后热衷于购买保健品长达八年，倾尽所有积蓄，还借有外债，并以断绝父女关系向女儿要钱，家属劝阻不起作用，多次求助于民警。老人的家里堆满了各式保健品，有些还

是'三无产品'。"

之前看到这样的报道，我和很多人一样，不理解老人为什么会有这样的行为，他到底是怎么想的，甚至会觉得老人可能是糊涂了，同时也觉得卖假保健品的推销员非常之可恨。但后来，在我看了一个生活调查节目之后，才真正明白，很多这样的例子，问题不在老人，而是老人的儿女做得不够好。生活调查节目的工作人员接到一位中年男士的求助，他也遇到了同样的问题："我父亲退休多年，身体不错，母亲去世的早，他一个人在家生活。最近我发现父亲有点不正常，隔几天就找我要钱，他自己有退休金，平时都是花不完的，所以我就问他要钱做什么，他没有告诉我。前段时间我回去看他，家里有个小伙子正在向他推销保健品，我意识到父亲肯定是上当受骗了，就把那个小伙子赶了出去。为此，父亲还与我发了火，说他的事不用我管，把我赶了出来。后来我又去看父亲几次，家里的保健品快堆成山了，而且很多都是'三无产品'。我三番五次说服父亲不要在与那些人接触，但他就是不听，现在要跟我断绝父子关系，我希望节目组能帮帮我劝一劝老人，让他不要再上当了。"

节目组陪着这位先生来到他父亲家，恰好那个卖保健品的小伙子也在，先生看到他非常生气，想要动手打人，被节目组拦住，与此同时，老人表现得特别激动，他指着儿子的鼻子说："你给我滚出去，我没有你这样的儿子！"节目组感到震

惊，为什么父子俩会因为一个卖保健品的人把关系闹得这么僵？冷静下来之后，节目组开始调解父子的关系，结果老人越说越激动，几乎是跺着脚对节目组的人说："推销员怎么了，骗子怎么了，他每天来家里陪我，给我带东西，帮我做饭，帮我擦地，陪着我聊天、看电视，我愿意被这样的人骗！"说完，他指着儿子说："你现在来管我，平时你怎么不来？没事的时候一个月连一个电话都不打，你还不如骗子呢！"

事出有因。原来是因为老人内心的孤独，让推销员有了可乘之机。所以如果那位求助的先生，能够常回家看看，多陪陪老人，对老人多一些关怀，或许也不会有现在的局面。换个角度来讲，老人之所以被"骗"得"心甘情愿"，是因为推销员"走了心"，推销员对老人比老人的儿女更用"心"对老人，所以，如果所有的儿女都能用心去对待自己父母，那么，推销员就没有了可乘之机，天下还哪会有无缘无故喜欢被"骗"的人？

老人需要的是陪伴，不是每个月给他多少钱，他们甚至愿意花所有的钱"买陪伴"，以此来填充内心的孤独。所以还是那句话，孝身容易孝心难。我们更应该去关心老人的心理，孝顺老人要"走心"，让他们感到心里有温暖。

自从看了这个节目之后，我对孝道有了新的认知：当儿女的觉得父母做得不够好的时候，要先反省自己哪里做得不到位；当父母变得让子女"无法理解"的时候，儿女要问问自己

我真的理解我的父母吗？很多儿女自认为做了很多孝顺父母的事，但在父母心中，或许那些都只是一种形式，因为他们的心感觉不到子女的关怀。相比之下，如果子女能够经常陪在父母身边，那么尽孝就会成为一件顺其自然的事，可能子女并没有觉得为父母多做了什么，但父母的心里却得到了大大的满足。这种满足来自于子女的用心，所以，行孝体现在生活中每一件微不足道的小事上，就像我的母亲把我的脚捂在怀里一样，这种付出可以温暖我一生。

念亲恩

持久的爱往往是自然流淌的，平淡的生活是最能体现孝心的地方。

陪伴是"走心"的孝，理解父母内心的孤独，就像理解自己老了需要有人陪伴一样。

流于形式的孝不一定是父母喜欢的，问题是：你是为了自己的感受，还是让父母享受。

没有父母不希望儿女陪在身边的，如果没有，那是因为他们太爱孩子了。

父亲的爱像一座山，它让我靠在上面，它让我走得更远……

让父母快乐是孝的核心

第 **8** 章

所有快乐中最宝贵的快乐是让父母快乐。

没有付出的爱不是爱，没有快乐的孝不是孝。无论我们为父母做什么，他们收获到快乐才是子女行孝的最高境界。

孝行天下
——走近我们的父亲母亲

孝子不谀其亲，忠臣不谄其君，臣子之盛也。

——庄子

我认为孝道是帮助我们解决很多问题的金钥匙，有句古话说"诸事不顺皆因不孝"，这虽片面，却概括孝在古人认知中的地位。人生中所遇到的很多挑战，归根结底，都跟孝道有关系。比如，子女与父母的关系不融洽、子女对父母不孝会影响夫妻关系，夫妻关系不好会影响对子女的教育，孩子长大了不懂孝会影响他的家庭。如果社会不提倡孝，那整个社会就不会长幼有序，尊老爱幼。因此我们要明白，"孝"不仅指子女和父母之间的关系，"孝"也是反映人与人、人与社会的关系。从某种意义上来说，一个人成功与否，包括事业、家庭、人际交往、子女教育等等，都跟他（她）是不是一个孝顺的人有很大的关系。反过来讲，当我们认识到这一点，去践行孝道，获得智慧，懂得如何做人，如何真正地生活的时候，一切自然会有好的开始。

唐朝韩愈在《师说》里讲："师者，所以传道、授业、解惑也。"意思是说，一个人身为老师，他首先要教会别人的是如何做人做事，然后是授予方法和技能，最后帮助对方解开人生的困惑。所以，我们说行孝是让自己成为一个更好的人，子女是通过孝敬父母感悟到为人处世之道，所以称为孝道。那么子女在行孝的过程中，如何把遇到的一些问题简单化、明确化，我们是不是可以确定一个标准，以此来衡量自己的行孝行为呢？

做得多不如做得对

我们身边有这样一些人，他们愿意孝敬父母，希望为父母付出更多，尤其在学习了孝道的课程之后，回报父母之心急切，回到家以各种方式向父母表达孝心，但是过后他们发现，虽然自己为此做了很多，但父母并不高兴，甚至他们再做时会遭到直言拒绝，他们不知道问题出在哪里。

我曾遇到过这样的人，他是来自上海的一位先生，在我分享孝道文化的课堂上，他向我提问："家军老师，我父亲是一名军人，从小对我管教严厉，我们之间很少沟通，积累了一些矛盾。我知道作为儿子，不管父亲之前如何对我，都是为了我好，现在他年龄大了，我应该多尽孝心。父亲一个人生活很久了，我能感受到他的孤独，为了丰富他的生活，从今年开始，我每周都接他和我一起去健身、游泳、喝茶……但我发现我们父子俩在一起的时候，心总是贴不到一块，尽管我做了很多努力，但还是感觉到彼此间存有隔阂。这是为什么？"

我说："首先，我不认为你和你父亲之间有多么大的隔阂，天下父母都是爱自己孩子的，只是他们的表达方式不同，你们父子相互间缺少理解。你感觉你的心没有跟父亲贴在一起，最

大的原因应该是你不了解你的父亲。比如说，健身、游泳、喝茶等这些活动是你父亲所喜欢的吗？是他真的愿意去做的吗？如果你了解了你的父亲，你就应该知道哪些是他一直想做的事，哪些是你做了之后他会感动的事。你要认真地想一想，如何找到并帮助他实现心中的愿望，这样你才能走进他的内心。"

两个月后，这个先生再次找到我，看到我他心情非常激动，说他终于在父亲的脸上看到了笑容，并且父亲现在对他非常热情。我问他对父亲做了什么，他说："上次听了您的一番话，我回去一直在想这些年父亲最想做的事是什么，我发现，最近几年，我去看他的时候，他经常在看同一部电视剧，并且手里还拿着跟战友合影的照片，我突然想到，父亲最想做的事会不会是去见他的战友，于是我就问父亲，果然他表现得很激动，然后我当即决定，一定要帮父亲完成这个心愿。接下来，我用了很多办法联系上了父亲的许多战友，并且用两个月时间陪着父亲去与他们相聚。可以说，这两个月是我人生中最重要的两个月。所以，如果不是您的一番话，我可能再过十年都想不到为父亲做这个事，到那时，这件事也许会成为父亲最大的遗憾，也许也会成为我一生的遗憾。"

很多事情就是这样，做得多不如做得对，给得多不如给得好。现在，这个先生的父亲每天都很开心，他还给父亲买了智能手机，下载了微信，建了一个"老战友"微信群。看到父亲每天在微信上和战友们聊得那么开心，他才真正感受到了父亲心中的快乐。而且，父亲对他的态度也变得和以前不一样了，父子俩都比以前更喜欢和对方待在一起，再也没有两颗心中间隔着一层玻璃的感觉。

在帮助这位先生的同时，我自己也有了很多反思，我在想，我的父母有哪些心愿是我能够帮助他们去实现的。现在我常常会把这位先生的故事分享给更多人，希望听到这个故事的人也受到启发，去帮助自己的父母实现他们的心愿，为他们带来真正的快乐。

从这位先生的经历中，我们还可以总结出一点经验，那就是刚刚我们讲到的，在行孝过程中遇到一些问题的时候，如何以简单化、明确化的方式为自己的行为确定一个标准，这个标准即是"父母是否快乐"，也就是说，不管我们用什么样的方式孝敬父母，只要抓住核心，让他们在做某件事情的过程中感到快乐，这样做就是对的。相反，如果父母无法在做某件事上收获快乐，那么这种做法几乎就是多余的。所以说，什么是行孝的"王道"？父母快乐就是"王道"，父母快乐，子女的做法就是对的，父母不快乐，子女认为对的也是错的。

那么，怎么做才能让父母快乐呢？

前面我们讲到了行孝的层次有三个：孝身、孝心和孝性。这三个层次的中心目标就是一个，那就是让父母快乐。下面，我对此内容做一些延伸，从为父母创造快乐的角度进行自我分析，看自己目前做到了哪一步。

让父母快乐的第一步：衣食无忧。

我们时常会看到一些老人缺吃缺穿，住所极其简陋，而他们的儿女却不管不问，还声称自己的生活也不富裕，因此顾不上父母太多。面对这种局面，我认为就是儿女不孝，作为儿女，父母把我们养大，供我们读书，如果在父母老了的时候连最起码的生活保障都给不了他们，那做人还有什么意义？我经常劝说这类人改变心态，不要再为自己的"不孝"找任何借口，不为别的，只为让父母生活得好一点，也应该全力以赴，放手一搏。我身边就有很多这样的例子，很多人没有学历、没有社会关系，就是凭借着改变家庭命运、不再让父母吃苦的决心出来闯荡，努力打拼，最终获得了成功。当然，他们奋斗的全部动力都来源于自己成人要孝敬父母这一本心。

可能是因为曾经太贫穷，父母希望我们的生活富足，为了加强他们心中的安全感，有时候我会故意往包里多装一些钱，让他们去数一数。以这种方式让父母体会到"收获的喜悦"，让他们"放心"。

让父母快乐的第二步：心里无忧。

大多数父母对于子女的看法，通常是他们成功之后要比成功之前更让人操心。父母对子女的爱永远是给不完的，他们永

远关心着子女的明天。所以，如果在子女获得了所谓的成功之后做到了让父母衣食无忧，但父母对子女心里仍有很多担忧，也会生活得不快乐。

举个例子。我认识一个朋友，刚出来奋斗的时候对父母特别孝顺，父母说的话他都记在心里，但现在事业有成反而变得不如以前，父母想多关心他一些，他觉得父母管的多："我的事情你们不要操心，你们不缺吃、不缺穿，住在最好的别墅里，好好享受晚年生活就行了。"这种说法导致父母对这位朋友更加担心。

所以有的父母说："以前日子过得虽然苦一点，但心里很踏实，现在儿女有钱了，反而不放心。"从此类父母的话里面，做子女的应该反省自己，最初奋斗是为了让父母、让家人过上更好的生活，现在这个梦想实现了，为什么那种"初心"却不见了？父母反而比以前更加担心自己，这种担心难道没有理由吗？换句话说，你的事业、你的工作、你的婚姻、你的健康，只有你的父母是最在意的，他们是最希望你能够幸福的人，所有才会不停地关心你，而做子女的要认识到这一点，不让他们担忧，这样他们才会拥有更多的快乐。

让父母快乐的第三步：丰富生活。

刚刚我们讲到一位上海的先生和其父亲的故事。在这位先生帮他父亲完成心愿的过程中，很值得表扬的一点是：他不单实现了父亲的心愿，并且还丰富了父亲的生活。在陪同父亲与几个老战友相聚之后，回到家里，他为父亲买了智能手机，建了"老战友微信群"，这大大丰富了他父亲的生活，让父亲能够在平常的生活中持续找到乐趣，自己去创造快乐。

帮助父母跟上时代，体验到社会发展给人们带来的幸福，也是子女应该做的事。如今互联网这么发达，社交软件不仅丰富了年轻人的生活，对于老年人也会带来很多乐趣。近两年在外地打工的子女很流行送父母智能手机，通过视频聊天方便沟通感情的同时，让父母了解了新鲜事物，掌握了新的技术，不仅跟上时代潮流，对于父母也是一种快乐。

当然，丰富父母的生活的方式还有很多种，比如老人喜欢养花，你为他修建一个花圃，老人喜欢旅游，你为他订好去旅游的机票，这些做法都是在丰富父母的老年生活。人老了之后最怕无事可做，越闲着越会感到孤独，所以，做子女的如果通过一些做法，支持父母去做他们喜欢做的事，让父母在生活中找到乐趣，父母生活丰富了，快乐自然也就多了。

让父母快乐的第四步：实现梦想。

有些年轻人认为，等自己老了，最大的幸福就是不用上班，待在家里什么也不用做。我所理解的"待在家里什么也不

用做"是指可以不再为了生活而奔波，但却要真正做一些自己喜欢的事，那才叫幸福。同样的，我们的父母老了、退休了也不是待在家里就会感到很幸福，相反，很多老人在退休之后发现自己无事可做了反而会难过。所以在这个时候，子女去孝敬父母很重要的一步，是帮助父母找到自己曾经很想做却没有条件去做的事，支持他们实现自己曾经有的梦想。比如坐一次飞机去国外旅游，坐高铁到北京去爬长城、游览天安门和故宫……这些对于我们看上去很简单的事对于父母很可能是一个很大的梦想，所以，我们要创造条件帮助父母实现梦想。

帮助父母实现梦想还包括支持他们拥有自己的"事业"。所谓自己的"事业"并不是为了赚钱，而是在这件事情上能够凸显他们的价值。我认识很多成功人士在孝敬父母的时候，都是在支持他们建立自己的"圈子"，结识新的朋友，发展新的"事业"，让父母在生活中持续不断地体现自我价值。

父母是生命之根，子女是生命之续，幸福永远是从孝顺父母开始的。林则徐说："存心不好，风水不益；父母不敬，奉神无益。"一个真正孝顺父母的人，父母快乐了，他也会非常快乐，一个对父母不孝的人，内心必定会存有纠结。常言道："孝敬父母天经地义。"这不光是鼓励我们做一个孝顺的人，更是希望让我们明白，老人好子女才会好，老人快乐了子女才会幸福，这也是自然规律。

孟子说："惟孝顺父母，可解忧愁。"我对这句话很有感

触。每次当我在事业遇到挑战的时候，在生活中遇到难题的时候，回到父母身边，都可以让我从低落的情绪和消极的想法中快速走出来。在我父母身上，我可以获得源源不断的爱和持久的动力。所以我认为，无论一个人是否成功，或在人生大起大落之时，首先要想想自己的父母，也许父母的爱会让你内心获得温暖，父母的鼓励会让你重拾信心。

有过生活经历的人都会明白，父母的爱是其他人的帮助所不能及的，家永远是你的另外一个世界。只有在家的世界里，你的心会真正放松下来，只有在父母幸福的笑声中，才会有你内心最温暖的港湾。

念亲恩

任何成功都无法代替孝敬父母的失败。人生中最大的快乐就是看到父母快乐。

衣食无忧、心里无忧、生活丰富、实现梦想是所有父母都渴望得到的快乐。

孝顺不在于为父母做多少，孝顺在于想到父母的"心里去"。比用功更重要的是用心，所以知道父母心里是怎么想的，才能做到真正的"孝"。

不知多少次，母亲站在窗边目送着我。

所以，在背后为你付出的人，一定是最爱你的人……

辨别父母的"真快乐"和"假快乐"

第 **9** 章

真正关爱不光是满足人群所需，更是满足个人所需。

辨别父母是"真快乐"还是"假快乐"不难，难的是如何带给他们真正的快乐。父母想要什么其实子女很清楚，愿不愿为他们多做一些改变是孝敬他们的关键。

孝有三：大尊尊亲，其次弗辱，其下能养。

——《礼记》

很多父母经常说的一句话是："只希望儿女成为一个快乐的人。"为了子女能够幸福，父母甘愿做出牺牲，即便倾其所有把子女培养成人，在他们心中，子女是他们生活的全部重心。

不久前，在网上看到这样一篇报道："把老人接进城市生活真的幸福快乐吗？"这是现在一个比较常见的现象，尤其对于我们这一代人，当自己的事业稳定之后，生活条件提高了，就会产生一个想法，那就是把远在老家的父母接到自己身边一起生活。尤其在有了孩子之后，首先想到的就是让双方的父母过来帮忙，先做"月嫂"，然后再做"保姆"。对此，有些人认为，这样做是"一举两得"，父母既帮了子女的忙，又解决了想念孙子、孙女的问题，子女还能够多为老人尽一些孝心，但事实真的如此吗？这篇报道在某种程度上道出了老人的心声。

多数老人是"被迫"进城的：很多老人表示，并非真心愿意离开熟悉的家，到一个陌生的环境去生活，但是考虑到子女难得有这份孝心，也就不得不听他们的。一些离开老家在子女身边生活一段时间的老人认为，虽然现在和子女生活在一起，但日子却过得很无趣，每天子女上班之后，留下自己一个人在家，依然会感到很孤独。

为了孙子、孙女有人照顾：还有一些老人是为了照顾孙子、孙女。他们来到子女身边之后，肩负起了每天接送孩子上学、放学的任务。对于这些老人，他们心里的真实想法依然是宁愿自己做出牺牲，也要成全儿女。而且，相伴于每天都能见到孙子、孙女的快乐，还有是经常一天下来累得直不起腰的痛苦，所以有的时候他们也感到无奈，这样的生活对于他们可以说是苦乐参半。

失去了自己的朋友圈：几乎所有老人都认为，离开家最大的不适应是没有自己的"朋友圈"。尤其对于生活在农村的老人，被子女接到城市之后，突然感觉整个世界都变了，生活习惯、饮食习惯、作息时间全都变得和以前不一样了，最重要的是这里没有邻里、没有朋友，他们非常的不适应。几十年都在某种规律下生活，现在却被"逼"着进入另一种规律，对于任何人都是很难接受的。

孝不是图自己方便

一个朋友就遇到了这个问题。生活越过越好，他现在什么也不缺，唯一就是觉得时间不够用。特别是在孝敬父母这件事情上，一年三百六十五天，能抽出五天陪着父母已经算多的

了。他知道这样做是远远不够的，所以每次见到父母都想说服他们搬到城市里和自己一起生活："爸、妈，我知道你们不想离开老家，但是你们也知道，我平时很忙，真的没时间经常回来，你们就体谅儿子一下，让我多为您二老尽尽孝心，搬过来和我们一起住吧！"老人心里本是不愿意的，但儿子一再请求，他们也就答应了。可是搬过去没住两天，老人就让儿子给订回老家的火车票，说过来住两天就可以了，还是在老家待得舒服。朋友没同意，找借口说现在车票不好买，再多住些天。结果一天早上，他起床后发现父母的东西不见了，去他们的房间一看，被子叠得整整齐齐，上面留了一张纸条："我和你妈回老家了，你不要担心。"

朋友追到了火车站，把父母拽了回来，为此他很生父母的气："你们从来没有出过远门，万一出了什么事怎么办？"面对儿子的责怪，两位老人也很无奈，最后只能听儿子的话，再多住几天。

做子女的实际上只要站在客观的角度，就能够清楚地看到，其实这个朋友的做法是不对的。有孝敬父母之心当然好，但不能不顾及父母的感受，毕竟行孝的目的是让父母幸福、快乐，如果为了图自己方便，通过让父母做出牺牲来满足自己尽孝的需求，那么这种做法反而是不孝的。因为这样做只做到了行孝的过程，没有做到最终的结果——让父母快乐。

生活中并不是所有父母都愿意和子女生活在一起，若让他们离开老家则更不能接受。对于这一点，我本人也深有体会。我的父母生活在农村，几年前我为他们在城里买了房子，我以为他们会很愿意到城里来生活，可是慢慢地我发现，对于他们而言，老家永远是最好的地方，至于偶尔到城市里来住几天，完全是因为这里有他们爱着的人。所以说，很多时候，你的父母之所以不远千里来看你，不是因为他们这样做很快乐，是因为他们真的很爱你，而面对这种爱，我们最好不要勉强，别让他们有心理负担，顺着父母的心意，以他们的需求为主就可以了。

我对当代作家余秋雨先生的一段经历记忆深刻，他的话给我带来了很大的启发："做人不能只图自己方便，凡事要想一想别人的感受。"

余秋雨在写《行者无疆》里的《追寻德国》一文时，说道："我一个人想到德国体验生活。为了彻底了解德国，我一个人去社区租房子。房东是一位德国老人，和蔼可亲，我看过房子后很满意，就想和老人签长期租房合约。"谁知那位老人笑了笑说："不，年轻人，你还没有住，不会知道好坏，所以应该先签试住合约，有了切身体验，再定下一步是否长住。"

余秋雨一听有道理，最后和老人签了5天合约。一切办好之后，余秋雨开始住了，房间很温馨，老人也很信任余秋雨，从不过来检查东西。

还有，垃圾不用送到下面，放在门口就有清洁工定时取走，楼道都是一尘不染。第五天到了，余秋雨想和老人谈长租的时候，发生了一点意外，他不小心打碎了一个玻璃杯。他很紧张，感觉这个玻璃杯价值不菲，怕因为这个玻璃杯，老人不租给他房子。可是当他打电话告诉老人的时候，老人说："不要紧，你又不是故意的，这个玻璃杯很便宜。"余秋雨更高兴了，希望老人过来签长期合约，老人答应了一声，挂断了电话。余秋雨也没闲着，把碎玻璃和其他垃圾扫入垃圾袋里，放在了外面。

过了一会，老人来了，没等余秋雨说话，老人问："那玻璃杯碎片呢？"余秋雨赶紧说："我打扫完放在门外了。"老人出门打开垃圾袋看完之后，脸色阴沉地进了屋，说："明天你可以搬出去了，我不再租给你房子了。"余秋雨感觉不可思议，就问："是不是因为我打碎你最喜爱的玻璃杯，惹你不高兴了？"

老人摆了摆手说："不是，是因为你心中没有别人。"余秋雨被说得一头雾水，这时候，就看老人拿了一支笔和一个垃圾袋，同时带上笤帚和镊子，走到外面，把余秋雨装好的垃圾倒出来，重新分类。老人挑得很仔细，过了好久，把所有玻璃杯碎片装入一个垃圾袋里，在上面用笔写上："里面是玻璃杯碎片，危险！"然后把其他垃圾装入另一垃圾袋里，写上：

"安全"。

余秋雨在旁边看着，从头到尾除了敬佩，他不知道说什么。此后若干年，余秋雨不断提起这件往事，每次都是感叹连连。

在大学毕业的时候，我有个同学也给了我同样的启发，他说："要站在对方的角度看问题。"毕业以后，我越发地感受到能做到这一点并不容易，特别是在面对亲人的时候，我们大多习惯于让对方理解自己，而不是去理解对方。就拿孝敬父母这件事来说，我看到过很多人打着"孝敬"老人的旗号做了很多事情，但是当我们走进老人的内心时才会发现，他们所谓的快乐其实都是假装的，他们只是不想伤害对方的一片孝心，装作快乐而已。

为什么会出现这样的问题？这源于人们习惯于优先考虑自己，习惯了在爱自己的人那里索取，不愿意为对方付出。

行孝，要学会改变自己

你的心里装着全世界，父母的世界里只有你。如果我们想要让父母收获更多的快乐，在行孝这件事上，要学会改变自己，而不是要求父母做出怎样的改变。正如德国房东对余秋雨说的："你心中没有别人。"如果我们心里真的装着父母，最基本的做法是尊重父母现在的样子，为他们现有的生活增添精彩，而不是去改变他们的生活，来适应我们的节奏。

怎样才能让父母获得快乐？答案是减少欲望。因为当欲望大于一个人的创造力，得到的东西不足以满足这个人内心的需求时，哪怕只差一分一厘，他也是痛苦的。相反，当一个人的欲望小于他的创造力，得到的东西能够满足他内心的需求时，哪怕只拥有一分一厘，他也是快乐的。因此，想要拥有快乐，我们要学会调整自己的欲望，明白在天平的两边，哪一边对自己更加重要。当然，调整欲望并不是说让人没有欲望，欲望是一个人奋斗的动力，但不能让欲望掌控了自己的人生。

人都有欲望，一些人之所以不理解父母，是因为他们心中的某种欲望大于孝敬父母的欲望。所以我们会看到，有些人在功成名就之后才想起要回报父母，是因为这个时候他心中的欲望发生了改变。为什么有的人总是说自己太忙了，没有时间陪父母，除了面对生活的无可奈何之外，去洞察心底的欲望或许能找到另一种答案。所以，从行孝的角度，我希望天下每个人都能够增强孝敬父母的欲望，虽然它不像面对某些事情那样可以很快见到回报，但当我们做出这种改变，我们的父母才能够拥有更多的快乐，儿女才会为父母创造真正的天伦之乐。

欲望是快乐的裁判，它不仅决定着一个人的快乐，也影响着一个人的行为。

父母的真正快乐不在儿女的行为里，而是在他们的心坎里。

当更多子女认识到行孝可以改变人生命运的时候，才会有更多的父母得到真正的快乐。

一个心里没有爱的人，给出去的爱也是"有毒的"；一个心里没有孝心的人，给出去的孝是"有害的"。

子女可以是父母生活的重心，但不可以以此去绑架父母的爱心。

幸福就是吃妈妈做的饭，

享受的不光是菜的味道，还有

母爱的温暖……

别总是对父母说"忙"

第10章

世界上最不能等的，就是孝敬父母。

面对父母的爱，我们总是对他们说"忙"，这意味着把他们推向门外，意味着拒绝他们的爱。

父母之所爱亦爱之，父母之所敬亦敬之。

——孔子

现代人面对责任和压力，最常挂在嘴上的一个字是"忙"。面对同事："对不起，我太忙了！"面对领导："对不起，我太忙了！"面对爱人："对不起，我太忙了！"面对孩子："对不起，我太忙了！"在生活和工作当中，人们希望用一个"忙"字来获得他人的同情和理解，让对方明白自己并非有意，或是出于无奈。可事实上，所谓的"忙"，更多的是为自己的某种行为开脱，是逃避和不负责任的另一种表现。一个认真面对生活的人，一个知道自己想要什么的人，会觉得时间不够用，但不会轻易对任何人说"忙"，更不会以"忙"为理由逃避责任。所以说，一个经常把"忙"挂在嘴边的人，并不一定真的有多忙，也有可能是因为他对于时间的态度和对人生的理解有误。

别把"忙"字说的"理直气壮"

一个"忙"字往往能看出一个人为人处事的态度。在企业里，员工对领导说自己很忙，说明他的能力有待提高，没能完成上级安排给他的任务；领导对员工说自己很忙，表示他在管理上没有做到位，没有合理安排好时间。一个人说"忙"的时候，一般会有两种意义，一种是表示歉意，答应好别人的事情没去做或没有做好，向对方致歉。比如朋友求你帮忙做一件事，你答应之后给忘了，朋友催你，你向朋友道歉："对不起，我最近实在是太忙了，把这事给忘了！"另一种是心存抱怨，自己的事没有做好或做得很吃力，把压力推向别人。比如你最近工作很多，爱人打电话来让你去接孩子放学，你很不耐烦地说："我这么忙，我哪有时间，你去！"所以，生活中一个人经常用"忙"来应对问题，往往都是因为自己没把事情做到位。

有些人说"忙"的时候会有两种态度，不同的态度可以看出他对待他人的心态。比如，有的人说"忙"会以此为由获得对方的理解和原谅，有的人却把"忙"字说的"理直气壮"，把它当作攻击对方的理由。通过观察我发现，把"忙"字说的"理直气壮"的人实则是对他人不够在意和关心。举个例子，父母给子女打电话，问他们什么时候回家，有的子女很在意父母的感受，对父母说："爸、妈，对不起，我最近实在是太忙了，一有时间我肯定回去！"还有一些子女不在意父母的感受，对父母说："我这么忙，哪有时间回去，等有时间再说吧！"言外之意就是我本来已经够烦了，你们别来打扰我。语态不同，意义就不同了。

相信很多人都会有种经历。你可能会对很多人说"忙"，但面对谁，可能都不如对父母那样说得"理直气壮"。因为面对父母的时候，人们已经习惯了索取，甚至会以此为条件对他们造成伤害，认为父母关心我们是应该的，他们就应该在我们需要的时候出现，在我们不需要的时候离得远一点。因此我们经常会看到有些父母很想念儿女，想给儿女打个电话，但想到之前儿女说话的语气，想象儿女很忙，不忍心去打扰，于是电话拿起又放下，犹豫再三，最终还是选择了等待。

父母为什么会有这种表现，本来儿女一年没回家，父母想要和儿女通个电话，怎么会有那么大的负担，原因在于，除了父母心疼儿女，更多的是儿女总是以"忙"来"提醒"他们，不要打扰自己。然而儿女可能意识不到，父母在关心他们的时候心思非常细腻，也许正是因为儿女们简单地说了一个"忙"字，就把他们的关爱之心拒之于千里之外。

再忙也不能不回电话

在讲课过程中，我遇到过很多令人感动的事，同样也看到过很多辛酸的事，其中最关键的，我认为是子女对父母缺少理解，做不到将心比心。对此，我经常和大家分享一个故事：有个女儿第一次到外地工作，父母怕她照顾不好自己，约定每个周末跟她通一次电话，了解她的情况。一开始，女儿还可以按照约定，在周日的晚上主动给父母打电话。可时间一长，就变得周日晚上父母给她打电话。过了一年，女儿接电话的时候越来越少，时间也越来越短，经常是互相关心一下，然后一句："我忙了，先挂了"结束了通话。父母能够理解女儿，一个人在外面工作一定很不容易。所以他们从一开始约定的每周通一次电话，改成了每半月打一次。就这样又过了半年，有一天，两个老人在家吵了起来，吵架的原因是父亲生病了，母亲想要给女儿打电话告知，父亲不让，说孩子很忙，不要去打搅她。争吵过后，母亲还是偷偷拨通了女儿的电话，响了好久才接通，还没等母亲说话，女儿便悄声地说："妈，我现在在开会，等忙完了给您回过去。"母亲守在电话旁，一直等到晚上12点，不见女儿回电话，纠结了很久给她打了过去。电话一直占线，后来再打就关机了。母亲非常着急，担心会出什么事，就把她给女儿打电话的事情告诉了父亲，结果两个老人一夜未眠，直到第二天早上，才打通了女儿的电话。这时，女儿才想起昨晚跟朋友聊天，一直到电话没电了关机、睡觉，她把给母亲回电话的事忘得一干二净。

女儿很忙，忙得连给父母回电话的事都忘记了，她永远不知道，在电话的另一边，父亲拖着带病的身体，母亲急得像热锅上的蚂蚁，等了她整整一夜。同样，我们也一定能遇到过这种情况，父母给我们打电话，当时我们确实很忙，但是忙过之后一定要给父母回电话。因为这不只是一个电话，而是一份心安。或许，你不给任何人回电话对方都不会等着你，但唯独你的父母会一直守在电话旁边，期待着听到你的声音。

子女绝对不要因为忙而忽略了父母对你的爱，在不知不觉中让他们受到伤害。这也是我为什么写《孝行天下》这本书的一个重要原因，我是想通过这本书，让读者看到父母的不容易，理解他们的心。给父母回电话对我们来说是很简单的事，但是在简单的背后，是我们对父母最基本的孝顺和最起码的感恩。俗话说："不当家不知柴米贵，不养儿不知道父母恩。"如果我们能够更早地走进父母的内心，了解了他们的想法，就不会让父母失望，同时让他们在我们身上能多得到一些快乐和亲情的满足。

"忙"是最苍白的借口

电视剧《金婚》里有一个场景：儿女各自成家了。除夕一大早，两位老人就为准备团圆饭忙得不亦乐乎。他们为孙子准备了鞭炮，一边计划着孩子们各自坐在哪个位置上，一边想象着全家团聚时的样子。可是一直等到"春晚"开始，一个孩子都没回来。接着，两个老人开始守在电话旁边期待电话铃响，然而儿女们一个个打电话过来，听到的都是"忙"。看到这一幕，我就在想，假如时间向后推个几十年，把那些总是对父母说"忙"的人放在其父母的位置上，等到的依然是自己儿女所谓的"忙"，他们是怎样的一种心情呢？进一步讲，如果这些人是你，你可以想象父母当时的心情吗？

站在年轻人的角度，我们可能觉得"忙"是可以理解的，但是当我们老了，以父母的角度再去看这个问题，就会觉得其实自己曾经对父母讲过的很多"忙"，只不过是一个苍白的借口，是为了方便自己去找的理由。

别让孝心输给了时间

"忙"字，一个"心"字旁加一个"亡"字。讲国学的老师告诉我们，何为"忙"？"心亡"则"忙"。一个人每天喊累、喊忙，从某种程度上来说，是因为他的心迷失了方向，一个人心中若没有了方向，做任何事情都不会做好，还会觉得自己很忙。相反，一个拥有明确目标的人，相对于"忙"，他们所关注的是时间。再谈谈行孝，其实也是对时间的认识，一个了解时间的人，会是一个重视时间的人，他会明白什么是"时间不等人"，什么是"子欲养而亲不待"。

《给父母的爱不能等》里有一篇题为"算算他们的余生"的文章。作者面对父亲时的心理感受感动了很多人。

好久不见父亲，他瘦了一圈，头发白了。

父亲今年79岁，常年担任熊本市的中学校长，退休后，还忙着当青年团职员，社区的志愿者。

父亲很为社区工作者的身份而自豪。他严格方正，对我家教也很严，我小时候经常被他骂的去找母亲哭诉。

父亲对我的训示很多，见人必须打招呼，一定要遵守诺言，不许挑食，不许吊儿郎当，姿势要端正……现在想来，那时家里充满了紧张气氛，即使是这样，那时我也没觉得父亲讨厌。

跟父亲在街上散步，人们都会尊称他"校长先生"。我看到父亲脊背挺直，身受人们信赖，我幼小的心灵里，为有这样的父亲自豪。

我结婚后，搬到了大阪，很少回熊本老家。三年前，母亲去世，父亲就一个人过。听说父亲身体不好，夏天我带着读初中的小儿子，回到久违的老家。父亲已经完全不是以前那个严格的样子了。小儿子跟父亲说话时敷衍了事，不喜欢吃鱼就剩下，态度跟我小时候真是截然不同啊。

三天时间里，我带父亲去医院看病，整理房间，然后回大阪。父亲送我和儿子到汽车站。我跟他说身体不好，就不要勉强送了，他还是坚持要送。告别的时候，父亲很严肃地说："我一个人生活没问题！"

我们在汽车上挥手，看着父亲正看着我们，我眼角一热。

父亲老了，挺直的背有点弯了。这样的父亲还能见到几回呢？我从汽车上跳下，紧紧抱住父亲。

曾经让人害怕的父亲，已经老去，时日无多。

是的，假如我们的父母还能再活30年，我们一年回去2

次，那么还能再聚60次；假如再活20年，还能聚40次；再活10年，就只剩下20次了。父母会在我们的"忽视"中快速老去，那原本有限的亲情数据，在时间的账本上会不停递减，直至有朝一日归零，所以，若等到那个时候才想到去行孝，一切都会为时过晚。

父母想我们，不光是让我们回家，更是需要我们的陪伴。如果我们人回去了，但依然是那么的"忙"，忙着补充睡眠、忙着出去聚会、忙着玩手机，把家里当成了旅馆，那么，我们会不知道，父母有多希望我们多陪他们待在一起聊聊天啊。

父母是孩子人生中第一个鼓励孩子的人，所以，不要对父母说"忙"。努力奋斗是对的，但千万不要忘了常回家看看，因为那里有一直爱着我们在背后默默地支持着我们的父母。

念亲恩

陌生人对你说"忙"是拒绝；熟悉的人对你说"忙"是应付；爱人对你说"忙"是逃避，你对父母说"忙"是借口。

"忙"是最苍白的借口，很多人"忙"着玩手机，却没时间给父母打电话。

别让"忙"拉开你和父母的距离，要用"不忙"拉近你和父母的关系。

第 **11** 章

在经济问题和亲情中获得平衡

当你和父母"不亲"时，就要反观自己孝道有没有做到位，多给父母敬些孝道吧！

分家，分的不是财产，是"分心"。在金钱和亲情之间，我们要明白到底是金钱重要还是亲情重要，一个把钱看得比亲情重要的人难成大事。

世界上的一切光荣和骄傲，都来自母亲。

——高尔基

虽然我们总是说，家不是谈利益的地方，家是讲感情的地方，但事实上，很多家庭都是因为利益而伤害了感情。和社会当中的一些组织一样，亲人相处，也避免不了在双方利益遇到冲突时互相伤害。尤其对于那些经济条件不好、贫穷的家庭，争夺利益是迫害亲情关系最重要的一个导火索。

我是什么时候认识到了上面的问题，并意识到经济对于家庭和谐的重要性呢？这还要从我小时候的两个梦想讲起。

梦想铸就未来

十二岁那年，我生了一场病，我躺在医院的病床上，第一次真正思考人生问题。我的脑海里浮现出一个大大的问号："假如今天是我生命的最后一天，我最想做的事情是什么？"我发现，如果今天生命结束了，我不想留下任何遗憾，尤其对于父母，我亏欠他们的太多。由此，又引发了我的第二个思考，那就是怎样做才会不留遗憾，才能更好地报答父母，也就是我该如何规划自己的人生。

我从小喜欢读书，知道唯有读书才可以改变命运。从小学到初中，从高中到大学，我的成绩一直名列前茅。对此，我不觉得自己有多聪明，我相信努力大于天赋，所以我用了很多看上去很笨的方法逼着自己进步。为了提高学习成绩，我下了非常大的功夫。

十几年的乡村生活，让我对两件事情怀有抱负，一个是成为一名医生，治病救人；另一个是改变贫穷的乡村。这是我上初中时树立的两个梦想。

不同的人生经历造就了不同的梦想。我的第一个梦想，它产生于一种悲痛的情绪下。记得当时我看到村里的一些老人生病了没钱看病，躺在家里等死，就想象着自己是一名医生该多好，那样就可以为他们看病了。另外，我家里的几个亲戚，也是因为生病，年纪不大就去世了，包括我父亲的兄弟，也走得很早。我还记得有个亲戚，是个女的，很年轻，人很好，很漂亮，我们小孩子都喜欢去她家玩，然后没过多久她也生病了，也是同样的情况，病得很重，很短的时间内就离开了人世。这件事情对我触动很大，我不明白为什么好端端的人，生一场病就去世了呢。所以我立志一定要成为一名医生，不让类似的事情再发生。

我的第二个梦想，也是源于生活经历。30几年前，我生活的地方大部分人都很穷，有些家庭，儿子年龄大了娶不上老婆，父母为了给儿子娶老婆，可以说是倾其所有，最后老人连住的地方都要贡献出去。还有一种情况很常见，儿子结婚了以后要分家，有的家庭兄弟多，为了争夺老人的一点点东西闹得老死不相往来，最后把老人的东西都分完了，依然觉得不公平，谁也不管老人。印象深刻的是，我家附近就有这样的例子，有一家儿子要结婚，家里没有钱，没有房子，最后父母从家里搬出去，住在棚子里。每次看到这样的老人，我都觉得他们特别可怜，心想作为儿女为何会如此对待自己的父母？后来我想通了，这一切可能都跟"穷"有很大的关系。如果家庭富裕，如果每个人都能活好自己，那么我相信谁都不愿意为了一点点利益去伤害亲人。所谓"人穷志短"，人在处境困厄的时候，志向会变小，而志向小的人，对什么都容易斤斤计较。所以我当时就树立了第二个梦想：立志改变贫穷的乡村，让亲人之间没有伤害。

梦想的路不止一条

人都有感恩之心，当我们得到别人的帮助之后，总会想着如何去回报他们。父亲从小就教育我做人要懂得感恩、报恩。虽然当时我不明白这句话究竟是什么意思，但是在潜移默化当中，我似乎已经被父母的一些行为熏陶成了一个"知恩图报"的人。我从小就喜欢帮助别人，若是获得了别人的帮助，总是在想未来我要如何去回报他。最早有这种想法是在我读小学的时候，有一次，我一个人跑去看免费的露天电影，可能是因为路上跑得太急了，再加上看电影的人特别多，我在人群中前挤后拥，突然觉得一阵头晕，双脚无力，就晕了过去。等我醒来之后，我听人说当时真的很危险，还好有几个人发现得很及时，把我抱了出去。之后我非常感动，在心里埋下了一个想法："等我长大了，一定要报答他们。"

转眼，在考大学报专业的时候，我还是坚定最初的想法，首选去当一名医生，但是意外出现了，在体检的时候，我被检查出眼睛患有先天性"色弱"，于是这个梦想便与自己擦肩而过了。但是我并没有气馁，马上想到了我的另外一个梦想，"改变贫穷的乡村"。我毫不犹豫地报了经济专业，认为经济就是做跟钱有关的事，有了钱，这个梦想就可以实现。

大学生活让我对梦想有了更清晰的认识，明白了所有自己想要得到的东西，都需要靠自己的努力去争取。我当时给自己设定了一个目标——当班长。在一次推选的过程中，我以"我选我"的方式打动了老师和同学，完成了进入大学校园的第一个目标。

离开大学校园，是追求梦想的开始。在投入工作，一步步走上创业之路的过程中，我一直在思考一个问题："当我们建立一份事业的时候，除了让家人生活得更好，我还能为其他人做些什么？"这也是一个人实现梦想必须找到的答案。虽然我学了经济专业，但如何与自己梦想相结合，我一时并没有找到更好的答案。后来我认为梦想就是要解决别人的问题。而我要

解决的，一个是人的健康问题，另一个是人的经济问题。也就是说，虽然我不能以医生的身份去帮助病人，那么有没有其他的方式也可以达成这个目呢？此外，改变贫穷的乡村也是我的一个梦想，我怎样做才能把今天要做的事情跟我曾经的两个梦想叠加在一起呢？

后来，我选择了食品安全行业，并在几年的努力中取得了不错的成绩。起初，我只是觉得把好食品安全的关，就是在为中国人的健康把关。慢慢地我发现，其实实现梦想的路有很多条，就看我们以怎样的方式去设计它。于是我调整思路，一方面我可以通过让更多人吃上安全的食品来守护大家的健康，一方面可以带领乡村生产健康的食品来拉动他们的经济。如此一来，我心中的梦想不就可以实现了吗！当人的疾病得到改善，当乡村的人经济有所增长，曾经令我感到悲痛和无奈的事，自然也就不会再发生了——因为一点点利益而牺牲掉亲人之间的感情的事会减少，当更多的乡村人有了赚钱的能力，有了不错的收入，他们就可以在经济问题和亲情中获得平衡，他们的父母也会因此而生活的幸福。

好生活是创造出来的

不要为了瓜分东西闹得四分五裂，人要想办法去创造更多的东西，我认为无论对于家庭还是事业都是如此。每个人想要拥有更好的生活，必须通过自己的双手去创造。只盯着眼前的一点利益，怎么分都会有矛盾，最好的办法就是把力量凝聚起来，去创造更大的利益，这样才能够得到持续的满足，让经济问题和亲情保持平衡。

村里有两户人家，两家都是有两个儿子和五亩地。其中一对兄弟每天想着什么时候从父母手里把地分过来，数着时间过日子；另一对兄弟每天去山上开田，很快家里就有了十亩地。道理很简单，不管你们现在拥有多少，"分"只会越来越少，唯有一起去开垦新的田地，才会拥有更多。

我们经常看到，很多组织里的矛盾都是"分"出来的，利益冲突往往都是在"分"的过程中产生的。平衡这个问题的方法仅仅是要分的公平，更要学会不断去创造，因为只有创造才会带来生机，只有持续收获才能把人心凝聚在一起。同样的道理，家庭也是一样的。有一家，父母有两个儿子，没分家的时候关系很好，但是一旦要分家了，矛盾就出现了。而矛盾出现之后，最受伤害的是父母，对于父母而言，分家分的不是财产，是分心。一家人的心不在一起了，父母的心也就碎了，父母的心碎了，家也就没了。

亲情是最宝贵的财富

我们看到过很多一家人因为钱而反目成仇的例子，却很少

看到这些人日后对其行为的懊悔。莎士比亚说过："当你认识到亲情比一切感情都重要的时候，你才真正知道什么是亲情。"为什么有些人把金钱看的比什么都重要，因为尽管他拥有了很多财富，但是他的内心依然很"贫穷"，这种"贫穷"不是在物质上得不到满足，而是在情感上得不到温暖。一个人在情感上得不到温暖，即使赚了很多钱内心也不会富足，因为钱对于他来说是安全感，但不是幸福感；赚很多钱会让他感到安全，但不会让他感到幸福。真正的幸福感是来源于亲人的关心和家人的关爱，而不是赚了多少钱。

古人言："吾兴则家兴，吾败则家败。"为什么有些人能够做到对家人敬，对父母孝，因为他知道家族的荣辱全在他一个人身上："我的荣耀就是家族的荣耀，我的耻辱就是家族的耻辱。"所以在面对事情的时候会自我要求，考虑全局，愿意去承担更多的责任。相反，一些人为什么会对家人不敬，会对父母不孝，是因为他内心当中没有对家庭和家族的那一份责任与使命，所以他只在乎自己的利益，不在乎家庭和家族的荣誉。

"我兴起就是整个家族的兴起，我没落就是整个家族的没落。"如果一个人能够肩负起对家庭和家族的责任，在利益面前，就不会选择"迫害"亲情，因为他的格局更大、目光更远，他想的是如何让家族兴旺，如何让家族获得持久的发展。当自己的利益与家庭、家族利益产生冲突时，他会以更大的利益为主。而且，这样做从眼前来看可能是个人做出了牺牲，但从长远的角度看，只有家族兴旺，家庭才会和谐，只有家庭和谐，个人才会有更好的发展。因此当我们去研究所有古代和现代的卓越人物，会发现他们大多都出生于名门望族，亦是孝敬父母之人，由于受到良好的家族文化和家风的熏陶，才得以成为社会人才。反过来看也是同样的道理，一个不尊重家庭和家族的人，往往自私自利之心很重，喜欢与人计较，进入社会也难以有所发展。所以，我们说亲情是最宝贵的财富，不光是平衡利益和亲情之间的关系，也是让我们认识到，个人发展需要以组织为基础，如果我们破坏或脱离了家这个组织，就等于失去了最稳固的根基，如此一来，我们追求任何发展其实都是不稳定的，是没有根的。

古人言："家和万事兴。"大凡一户人家，过日子，总得要和和气气。《论语》也讲："礼之用，和为贵"。人生活在世间，不能离开社会，不能离开人群而独自生存。人和才能融洽，互相依靠。人与人既然需要互相依靠，唯一的道路就是要和，而和最基本和最重要的就是家庭和睦。

念亲恩

家是人生大厦最稳固的基石，父母是孩子成就未来最有力的保障。

一个不注重家庭的人很难取得成功，一个不具有家族使命的人无法持续进步。

在一个人心中，亲情＞金钱，他会赚到更多的钱；如果是亲情＜金钱，他往往赚不到钱。

家里经济不失衡，家人感情才更平衡。

改变一个家庭的收入，会改变一个家庭的环境，改变一个家庭的环境，会改变一些人的行为，改变一些人的行为，会改变一家人的命运。

父亲很小就扛起了家族的担子，他一直都
在照顾家人，我要做这种精神的传承者，把
"家族使命"传播给更多人……

打破婆媳关系的固有信念

第 *12* 章

人生最困难的事情是认识自己。

婆媳问题不是关系的问题，是人的问题，是人的想法的问题。今天你是别人的媳妇，未来你也可能会成为别人的婆婆。作为媳妇要认识到自己未来会成为婆婆，作为婆婆要明白自己曾经也是媳妇。

不孝顺的女儿，必然是难以驾驭的妻子。

——富兰克林

古人言："一代有好妻，十代有好子。"可见妻子对家庭的影响有多大。女人，做一个好妻子，是对家庭和家族最大的贡献。古人在行孝方面，为我们留下了很多有关好妻子和好母亲的故事，那么为什么今天的人们，似乎不那么乐意去学习其中的智慧呢？

不要被他人语言左右

女性是家里真正的主人，是家庭幸福的核心。作为家庭中最重要的一员，即是女儿，又是妻子和母亲，对上一辈，要孝敬父母，对下一辈，要教育子女，对于整个家族，要起着榜样的作用。俗话说"一个贤妻良母可以兴旺家族三代"，确实有它的道理。妻子贤惠，呵护丈夫，孝敬父母，教子有方，家庭自然会和谐幸福，家族自然会兴旺发达。

在家庭关系里，很重要的一环是婆婆和媳妇的关系。一个家庭是否和谐，三代人能否和睦相处，婆媳关系起着非常重要的作用。近几年来，从社会当中流入到我们视野里的，有很多关于婆媳关系的负面信息，这对部分人的想法造成了不利影响，认为"婆媳关系"是特别顽固的问题，并且给双方贴了很多负面的标签，以至于有些人还没有成为妻子或婆婆，就提前进入角色，做好了和对方"斗智斗勇"的准备。如果是怀着这样一种想法步入婚姻、迎接新人进入家庭，很容易在家庭关系中埋下引发矛盾的种子，最后在面对问题的时候，常常对号入座，在心里建立对抗的"防火墙"，亲情之间形成了隔阂，把简单的事情复杂化，让矛盾升级，明明可以很好相处，最后却成为了这些负面信息的牺牲品。

在讲孝道的过程中，我们经常会听到"家风"两个字。所谓家风，是指一个家庭里的风气正不正，会影响家庭成员为人处世的态度和行为。和社会风气一样，家风也会受到各种信息的影响。当社会当中的正面信息超过负面信息的时候，一些社会成员的思想和行为会受之影响，被其左右。同样，当一个家庭接收到的负面信息超过正面信息的时候，家庭成员也会受之影响，被其左右。那么信息是从哪里来的呢？

信息是由人制造并传播的，所以，无论是正面或负面的信息，最终的接收信息的也是人。所以从这个角度去看，我们就会发现，几乎所有问题其实都是表面化的，人才是本质问题，包括我们现在讲的"婆媳关系"，一些人认为婆婆和媳妇不好相处，容易产生矛盾，这在很大程度上也是受到了一些信息的影响，其实并不是她们的关系出了什么问题，而是关系里的人发生了改变，归根结底，是人的问题。想象一下，有婚姻的同时就有了"婆媳关系"，那么，为什么过去人们并没有过多地

关注这个话题，而现代的一些人则把它视为婚姻和家庭幸福难以逾越的鸿沟了呢？婆媳关系一直都存在，是人的想法发生了改变，才导致某些关系变得越来越紧张。

打破"婆媳关系"的固有信念

你把它当成难题，它就是难题，你不把它当难题，它实际上就不是多大的问题，这源于我们大脑里建立了什么样的信念。如果你认为婆媳关系是难以逾越的鸿沟，那么，即使你和婆婆都是善解人意之人，一件小事情也可能会让矛盾升级，因为你认定婆媳关系注定是对立的，就会自动把相处过程中遇到的难题，归咎在这层关系里。

关于信念，人们做过这样一个实验：

把很多跳蚤放在一个玻璃瓶里，跳蚤跳的高度远远高于玻璃的高度，一些跳蚤很快就跳出了玻璃瓶。这时，有人拿来一片玻璃盖在了瓶口上，跳蚤还是拼命地跳。可想而知，即使跳蚤撞得头破血流也跳不出瓶口。

过了一会儿，跳蚤起跳的高度停在距离瓶口2厘米的位置。跳蚤获得了经验，为了避免痛苦发生，跳蚤只能让自己不要跳太高。

后来人们把盖在瓶口的玻璃片拿走，环境变了，而跳蚤依

然只跳到离瓶口两厘米的位置。

还有一个故事也充分说明了信念会决定行为：

小象出生在马戏团中，它的父母都是马戏团中的老演员。小象很淘气，总想到处跑动。工作人员在它的腿上拴上一条细铁链。另一头系在栏杆上。小象对这根铁链很不习惯，它用力去挣，挣不脱，无奈的它只好在铁链范围内活动。

过了几天，小象又试着想挣脱铁链，可是还没成功，它只好老实下来。一次又一次，小象总也挣不脱这根铁链，慢慢地，它不再去试了，它习惯铁链了，再看看父母也是一样，好像本来就应该是这个样子。

小象一天天长大了，以它此时的力气，挣断那根小铁链简直不费吹灰之力，可是它从来也不想这样做。它认为那根链子对它来说牢不可破，由于这个信念深深植入它的思想中，于是一代又一代，马戏团中的大象们就这样被一根有形的小铁链和一根无形的大铁链拴着，过着它们认为理所应当的生活。

为什么跳蚤和小象会有这样的反应，是因为他们的思想被信念所掌控，进而掌控着它们的行为。人也是一样，人的大脑会形成很多种信念，这些信念源自于我们一直以来接收到的信息，当外界不断向我们传达某种信息，久而久之，它就会成为我们的信念。比如，你经常听到有人说，婆媳关系是很难处理

的，你看到很多关于婆婆和媳妇发生矛盾的例子，结果你把这些信息装进自己的大脑里，就成为了你的一个信念："婆媳关系是对立的"。当你有了这个信念之后，原本没有问题，你也会想象成问题，然后在面对问题的时候，你的想法和处理问题的方式会被这个信念所支配。

如果你觉得很多问题都如你所想，其实你是被自己的信念掌控着，就像那只小象一样，虽然它脚上的锁链已经拴不住它了，但是它的信念告诉它，不要去尝试，那样做是没有用的。同样，当你认为婆媳关系是个千古难题，就是在认定自己不具有处理这层关系的能力，此时，你也就会成为被"婆媳关系"这条锁链拴住的小象，一直被困在那里。

处理关系是解决人的问题

为什么面对同样的问题，有些人能够处理得很好，有些人总是选择逃避，除了一些客观因素，最重要的是面对问题的人，他们在以什么样的想法和态度看待问题。我曾经在讲课的时候，现场有一位女士分享了她的亲身经历："我和老公结婚5年了，没结婚之前，我听几个闺蜜说结婚之后千万不要跟婆婆住在一起，必须提前跟男方说明白，只有答应这个要求，才肯嫁过去。我听了她们的话，一直没有和婆婆住一起。去年快到春节的时候，我提前带着孩子去婆婆那里，老人很想孩子，特意为我们准备了很多吃的东西。婆婆生活在北方，对于一个土生土长的南方人，她做的很多食物我吃不习惯。在吃饭的时候，我跟婆婆讲这里天气这么冷，门都出不去。婆婆问我要出去做什么，我笑笑讲，想吃零食了。婆婆家生活在偏僻的乡下，商店里没有我想吃的东西。我和孩子待在家里看了一下午电视，快到晚上的时候，婆婆冻得红着脸回到家里，手里拎着两大包东西，笑眯眯地看着我。我打开口袋一看，全是我爱吃的零食，我问她在哪里买的，她笑着对我说，要是我喜欢吃，她再到城里去买。婆婆讲完这句话，我顿时觉得错在自己，不是天下所有的婆婆都如闺蜜们讲得那样可恶，我因为相信了有些人的话，为难了老公，又伤害了老人。从此以后，我每年都带孩子去看婆婆，我们的关系很好，她把我当成自己的女儿，我也像对待妈妈一样对她。"

这位女士分享过后，我对现场的学员做了一项调查，我问一些未婚的女学员，她们未来能不能处理好婆媳关系，有的人回答说："婆媳关系是人生最大的难题，最好的办法就是远离，不和婆婆住在一起。"我说我们先不去讨论要不要住在一起，因为不住在一起不代表完全不用面对婆媳关系，问题是，你还没有结婚，你还不知道未来的婆婆是一个什么样的人，凭什么为此下定论了呢？

同样的问题，我又问现场一些有孩子的女学员，得到的答案是："大多数人认为，只要儿女生活幸福，自己多付出一些

没关系。"

通过这项简单的调查，我发现，很多有孩子的女士会站在全局考虑问题，反而是一些没有结过婚的女学员，面对婆媳关系首先想到的是逃避，更重要的是，她们还没有真正面对这种关系，只是因为经常听到一些负面的信息，就把自己推向了所谓的"婚姻的火坑"里。

通过以上案例，我们可以清楚地看到，面对"婆媳关系"，首先要解决的是人的问题，人的想法改变了，态度也会随之改变，态度改变了，关系自然会得到调整。所以去对照学员的分享，我们需要认识到，所有关系，不去面对，永远不能解决问题，当我们认真去面对的时候，会发现并不像我们想的那么复杂，很有可能是我们把自己置身于所谓的很难处理的关系里。

不以情绪说话

智者有云："一个不能控制自己情绪的人很难获得成功。"因为有爱，家，很容易变成一个人释放情绪的地方。面对家人，面对爱人，沟通问题的时候，如果总是以情绪说话，伤害对方就会成为很习惯的一件事。

星云大师在谈人我相处之道时，用一篇文章来讲解其中道理，他的很多观点都适用于调解彼此的关系。他说：

人我相处之道在于彼此快乐，能如此才能安心、安住。吃住方面的不如意尚是其次，不要太介意别人的一句话而起烦恼，世间没有什么不可以的事，只要商量、沟通，站在对方的立场"体贴一下"，不以情绪处事，自然能和乐共处。

"人生难逢开口笑，你苦什么呢？

兄弟姐妹皆生气，你争什么呢？

得便宜处失便宜，你贪什么呢？

前世不修今世苦，你怨什么呢？

冤家相报几时休，你恨什么呢？

虚言折尽平生福，你假什么呢？

欺人是祸饶人福，你疑什么呢？

世事如一局棋，有远见者胜。有恩不求他报，凡事不要太过计较，忍不了时用力忍，"难忍能忍"，则一切均能如意自在。

一件事情的成就，要看众人的协助，一个人的力量毕竟有限，唯我独尊的时代，似乎已不适应现在的潮流，众缘和合能造就多彩多姿的生活层面。

一个人生活如何多姿多彩？除了广结善缘外，惜缘也不可忽视。在团体中除了发挥自己工作上的特长，慈悲，耐烦，柔

和的胸量是不可少的。

"观念"是事情成功与否的关键；临事肯替别人想，是第一等学问。

所以，很多人为何在外可以尽力控制自己的情绪，回到家却不习惯替对方着想？为何在外能够处处忍耐，回到家却对家人没有耐心？一个人，要么控制自己情绪，要么被情绪控制。家本是温暖的港湾，真正有能力的人不会在这里"掀起波澜"。人只有用爱的眼光去看对方，这样无论是面对外人还是家人，都不以情绪说话，多一些耐心和理解，就能够慢慢掌握"人我相处之道"，构建一个和谐的团体。

认清自己的分别心

打破婆媳关系的固有信念，还有一点相当重要，那就是认清自己的"分别心"。

佛家讲人要修自己的"分别心"。很多人不明白什么是"分别心"，我听过一个故事，可以帮助我们了解自己的"分别心"。

有一个母亲，养了一双儿女，儿子结婚后，她对儿媳相当不满意，她说："我这个儿媳，一天什么事都不做，整天躺在

沙发上看电视、玩手机，家里所有的活都是我儿子在干，做饭、洗碗、收拾房间，儿子还要上班。我有这样的儿媳，真是倒霉啊！"

女儿后来也结婚了，母亲对女婿相当满意，她说："我女儿命真好，嫁了一个好老公，每天什么事情都不用她做，整天躺在沙发上看电视、玩手机，做饭、洗碗、收拾房间，女婿一个人全包了。我有这样的女婿，真的很幸运！"

如果你是这个故事里的母亲，你会以这样的心态来对待儿女吗？用故事里母亲的行为来对照我们平时生活中的一些做法，是不是多少会有些相似之处呢？

人很多时候就是这样，总是习惯分个里外，分个远近，一家人一旦有这种做法，就很难维护好彼此的关系，尤其是为人父母，有智慧的父母会像爱自己的孩子一样爱别人家的孩子，把儿媳和女婿当成女儿和儿子一样对待，能做到这一点，就是在修自己的"分别心"。所以，不要以"有色眼镜"看待他人，应以同样的爱去温暖对方，这样，婆媳关系必定处理得很好。

念亲恩

不是问题有多难，是你把它想象得有多难。

人是信念的产物，不同的信念成就不同的人，不同的人创造不一样的人生结果。

现代人习惯于给很多事情贴上标签，这在很大程度上是为了给自己找一个借口。

不要把情绪带回家，家是温暖的港湾，经不起"惊涛骇浪"。

分别对错的最高境界是不去分别，人我相处的最高境界是没有你我。

婚礼当天，我对妻子说："我们一定要
孝敬父母……"

正确面对"家家有本难念的经" 第13章

一家人能够相互密切合作，才是世界上唯一的真正幸福。

"家家有本难念的经"，这里的问题不是"经"的问题，是"念经人"的问题。每个家庭都有各自的问题，如果我们把焦点放在问题上，那么，这个问题就成了解不开的"死扣"，所以我们要把焦点放在人上，这个解不开的"死扣"就成了能解开的"活扣"。

父子有亲，君臣有义，夫妇有别，长幼有叙，朋友有信。

——孟子

中国有句谚语："清官难断家务事，剪不断，理还乱。"每个家庭都会有各自的难处，如果不能以良好的心态去面对问题，日子就会过得压抑，家人就容易互相产生矛盾。生活其实就是解决一个接一个的问题，家庭亦是如此，如果想吵架，每家都会有吵不完的架，如果不想吵架，也都能找到不吵架的理由。托尔斯泰有一句名言："幸福的家庭都是相同的，不幸的家庭各有各的不幸。"按理说，一家人有事好商量，如果多一些包容和理解，彼此之间还有什么是不能沟通的呢？但有些时候，恰恰相反，越是面对亲近的人，越是难以做到这一点。

解决问题要调整焦点

一个人眼里看到的是什么，将决定他会拥有什么。经常开车的人会有一种经历，不洗车的时候不下雨，刚洗完车就下雨了，为什么会有这种感觉，因为在下雨天的时候，我们的焦点出现了，我们的注意力在"雨天"上，所以尽管洗车的时候大部分都是晴天，但是我们并没有注意到。比如，你最近想买一台汽车，走在大街上，总能看到自己喜欢的这款车型，但是很快，你改变了注意，决定不买这款车了，换另一款，然后，新的一款又开始不断出现在你的视线里。马路上的车，不会因为我们的想法而有所改变，改变的是我们的焦点，所以人大多看到的都是自己关心的问题。

关于焦点有一个测试故事：一个主持人站在讲台上，对台下的人说，此时此刻，现场的所有人，不要去想我手里有一只猫，一只黑色的猫，它的爪子是白色的，眼睛是蓝色的……主持人通过这项测试是让大家明白，人的注意力是可以被掌控的，一个讲话高手，首先要学会如何调整他人的焦点。可能你已经意识到，在读这段文字的时候，我们也成为了测试对象，虽然主持人一再强调，让我们不要去想那只猫，但是我们还是没能控制住自己去想那只猫，因为我们改变不了头脑里的焦点。

其实，人生的很多结果都是被焦点创造的。通过调整焦点获得自己想要的结果是一门智慧。有些人被一件事困扰了很久，死抓住一个问题不放，为什么他会有这种表现，因为这个人心里有一个顽固的焦点。比如有些人表现得很忧郁，有些人表现得很阳光，从表面上看，可能有人会说这是人的性格问题，然而当你通过一个人的性格再往更深的层次里看，就会发现人之所以有不同的表现，往往是因为此时此刻他心里有什么样的焦点。面对同样的半杯水，有的人会伤心于杯子一半是空的，有的人会满足于杯子一半是满的，重视焦点不一样，结果自然不同。

人生要面对的问题有很多，一个人如果过于执着，就会变得极端，被问题困住走不出来。所以，在与家人相处的过程中，你也会出现很多焦点，焦点错了，彼此会争执不休，焦点对了，就开始化干戈为玉帛，矛盾自然被化解。

焦点在哪里，注意力就在哪里，结果自然就在哪里。很多事情其实很难做出改变，而改变不了是因为焦点的问题。关于如何通过调整焦点改变一个人，有一次，我到国外学习，老师现场做过这样一个案例：

老师在课堂上找到一个自认为特别痛苦的学员，她是一个来自美国的老太太，她说："我每天都在被一件事情折磨，我可能到死都想不明白，我的父母为什么要把我送人，让我的人生经受了那么多的痛苦。我恨他们，我每天晚上都会做同一个梦，我变成了一个被抛弃的小孩，无助地站在人群中，被各种人羞辱！"

老师认真地听她讲自己的故事，然后对她的心理进行疏导，接着以做活动的方式打破她的信念，一步步调整她的焦点，经过一个小时的努力，她瞬间从这个问题里走了出来，抱着老师号啕大哭。

老师对她说："你要明白，你的父母之所以这样做一定有他们的苦衷，除非是万不得已，不然他们是不会做这种决定的，很有可能，不把你送人，你就会被饿死……所以换个角度去想，他们之所以这样做，是因为爱你。是他们给了你生命，让你体验到这个世界的精彩，你遇到了爱你的伴侣，培养了几个优秀的孩子，难道你不会因此而感到高兴吗？你要去感恩你的父母，没有他们，就没有今天的你……"

当老师将老太太的焦点调整之后，她的心态完全变了，相对于之前的怨恨，现在她的心里更多的是感恩。只是一个小时的时间，她似乎变了一个人，她看人的眼神都充满了善意。

问题与焦点的关系

把焦点放在美好的事物上，会给人带来希望和勇气，尽管你真的处于险境里，也会相信自己。读高中的时候，我的母亲卖了家里唯一的一头猪，给我买了一辆自行车。为了让我尽快学会骑车，她在车后面扶着后座，帮我把握平

每次看到这辆自行车我都格外亲切，它承载着母亲对我的爱和期望。

149

衡，就这样扶了一个星期，我才掌握了要领，可以自己骑着车去上学。高中三年，我骑着自行车往返在通往梦想的路上，从不觉得辛苦。后来，要上大学了，有一次，我把车停在了山坡上，回头看这条熟悉的路，顿时觉得胆战心惊，走过的路太危险了，但那时的我因为一直向前看，才不会害怕。

焦点助我实现了梦想，也让我明白了任何问题的解决，都跟人的焦点有关系。我有一个朋友，把母亲从老家接过来住，在一起生活了一个月，矛盾不断升级，她看不惯母亲的做法，母亲也不喜欢她的行为，两个人几乎每天都会争吵，最后大吵一架，两人都哭了。哭过之后，她们彼此去缓和关系，女儿想到母亲一个人把自己养大不容易，母亲想到女儿这么多年都是自己照顾自

路途险峻，但总要沿着梦想的方向一路前行。

己，两个人都不说话了，紧紧地拥抱在了一起……所以，如果从调整焦点的角度来看，朋友的这次经历——从她和母亲吵架到最后和解的过程，也是一个调整焦点的过程。一开始，两个人都盯着对方的"缺点"看，吵个不停，然后，当她们开始意识到自己不应该这样对待对方的时候，就开始调整焦点，去看对方的优点，随之而来的即是体谅和理解，然后矛盾自然被解除了。

讲到以调整焦点来解除矛盾，让我想起了我小时候常做的一件事。每次我看到父母吵架，我就当着他们的面咬自己，然后他们马上就不吵了，都来关心我。我是父母共同爱着的人，我通过这样的行为改变了他们的焦点，让他们把注意力从吵架这件事上转移到我身上，所以，他们马上停止了争吵。包括现在他们年龄大了，偶尔也会因为一些事起争执，我调解他们的方法还是和以前一样，我会用调侃的方式跟他们开玩笑，转移他们的注意力，结果两个老人哈哈一笑，就都不生气了。

人在生气的时候很容易掉进情绪里，当一个人被情绪控制的时候，他很难意识到现在自己的焦点在哪里。母女俩吵架，你会发现她们吵得越凶，焦点越集中，她们一直在寻找对方的"缺点"，把所有注意力都集中在如何吵赢对方这件事情上。这个时候有人过来劝架，第一步是先让她们冷静下来，稳定住情绪，然后去了解吵架的原因，接着一步步调整双方的焦点，什么时候两个人都不在盯着对方的"缺点"看，而是看"优点"了，自然也就和解了。

我经常对那些想要改善家庭关系的朋友说："改变，永远从希望发生变化的那个人开始。如果你真心渴望调整一段关系，一定要首先做出让步，而不能等着对方做些什么。你改变了，对方才会改变。"人都想要改变，但是想和做还是有一段距离。人的改变之所变得很难，是因为焦点一直停在那里。如果一个人的焦点变了，他的行为自然会随之而变。相反，焦点不改变，逼着自己在行动上做调整，是非常痛苦的事。所以，要想处理好家庭关系，永远不要想着如何去改变对方的行为，而是要调整人心里的焦点。焦点，决定了人看问题的角度，焦点，决定着一个人的行为。

念亲恩

家人之间最习惯于把焦点放在责怪上，责怪会让人滞留在过去，盯着过去的问题不放，是恶化关系最重要的原因之一。

回想一下，你为什么会感到烦恼，因为你看到的是对方的缺点，如果你看到的都是对方的优点，你还有什么可烦恼的？

人的问题不在于它的本身，而在于你此刻内心的焦点。焦点不变，问题不变，焦点一变，问题不见。

在生活中要学会调整自己的焦点，这样就是在为家人创造幸福。

我们是父母共同爱着的人，我们要做父母最好的"调解员"。

做父母内心世界的"保护神"

14 章

我们体贴老人，要像对待孩子一样。

生命是一场轮回，人老了会变成"孩子"。小时候父母是我们的家长，长大后我们是父母的"家长"。小时候父母"罩着"我们，长大后我们要"罩着"父母。

孝行天下
——走近我们的父亲母亲

不谒乎亲，不可以为人；不顺乎亲，不可以为子。

——孟子

孔子曰："今之孝者，是谓能养。至于犬马，皆能有养。不敬，何以别乎？"意思是说，如果认为"孝"就是养活父母，供他们吃穿，而没有用心去孝敬他们，那和养狗、养马有什么区别？

那么，什么才是真正的"孝"呢？

有我在，一切不用担心

孝，如果仅仅做到了让父母衣食无忧是远远不够的，孝，要成为父母心中的"保护神"，让父母感受到，只要有你在，一切都不用担心。

小时候，我心里总有一种感觉，无论遇到什么事，只要母亲在，我都不用担心。这种感觉的建立，源自于母亲一次又一次在我有危险的时候，挺身而出，让我感到安全。

我将要上小学一年级的时候，因为年龄小，没达到入学标准，是母亲向老师苦苦哀求，为我争取了"跟读"的机会，那一次，是我第一次感受到母亲这个坚强的后盾，后来每当我遇到困难，母亲总是很及时帮我。再后来，在我十几岁那年，和

曾经的小学教室。　　　　　　　小学教室门前的大树。

邻居家的小伙伴玩捉迷藏，他躲在了草垛里，我不知道他藏在里面，就用一根木棍去试探，结果扎到了他的眼睛。看到他捂着眼睛哭的那么厉害，我被吓坏了，心想这下自己闯了大祸，万一把小伙伴的眼睛给扎坏了，他的父母一定不会放过我。然后母亲知道了这件事，她并没有责怪我，而是宽慰我不要担心，并且代我去给人家赔礼道歉，还准备了当地流传的土方，"芝麻炒鸡蛋"。万幸，小伙伴的眼睛并无大碍，其父母也是通情达理之人，几乎没有任何的不快。通过这件事情，母亲再一次让我感受到心中的那一份安全，只要她在，我什么都不怕。

　　第三次有这样的体会，是我上初中的时候。我小时候胆子比较小，害怕一个人走山路。有一次，我一个人回家，走在无人的山路里，被吓得浑身发抖，特别无助，当时只有一个想

法，如果母亲在就好了。我意识到母亲对我有多么的重要，她不光是我生活上的一把大伞，为我遮风挡雨，她还是我心灵的保护神，不让我有任何的害怕和担心。

一直以来，父母都给我一种感觉，有他们在，我心里会非常踏实。今天，回过头再看，当初自己不够成熟，没有能力，也没有经验，所以需要父母给予我保护，做我的后盾，这样我才会变得更加强壮。时过境迁，我已经长大成人，作为家里的顶梁柱，当我看到父母的身体不再像以前那样挺直，走路也没那么飞快，我突然意识到，今天的我，要成为曾经的他们；过去，父母是我的靠山，如今，我要成为他们的靠山。这种依靠不只是让他们生活富足，而应像我小时候牵着他们的手一样，让他们牵着我的手，感受到我为他们带来的"那一份安全"，让他们知道，有我在，一切都不用担心。

成为"罩着"父母的人

作为一个父亲，我留意到孩子跟父母一起出门的时候，喜欢拉着大人的手，就像时间过去几十年之后，你的父母喜欢拉着你的手走路一样，孩子心中都渴望着得到一份安全，而父母老了，也需要在孩子那里得到保护。

时间一直在变，唯有爱是永恒。曾经我们得到了父母的爱护，今天我们要以同样的爱回报给他们。爱也是一场轮回，小时候父母"罩着"我们，长大后我们要"罩着"父母，难道这不是应该的吗？

有两件让人深有感触的事：

八十岁的老母亲，照顾高位截瘫的儿子六十年。记者问老人苦不苦，老人笑着回答说："不苦。"每天跟儿子聊天，她就很高兴。然而她最担心的，是将来有一天自己走不动了，谁来照顾儿子……

八十多岁的老人被关在一个小黑屋里，没有空调，也没有窗户。记者不敢相信这是真的，儿子嫌母亲丢人，把她关在这个小黑屋里十几年，老人因为太久不见阳光，双目失明，骨瘦如柴，每天都生活在煎熬中……

上面讲的事，除了感动和气愤，不免去思考一个问题："为什么母亲可以为了儿子牺牲一切，儿子却如此对待母亲？"抛开个别现象不说，从大方面来看，人们似乎也觉得父母照顾子女比子女照顾父母更加理所应当。所谓"久病床前无孝子。"却很少听说"久病床前无慈母。"

近些年我一直致力于传播孝道，遇到过很多对"孝"持不同观点的人，以刚刚讲到的两件事为例，把其中的问题缩小几倍，回到我们日常生活中对待老人的态度，有些人表示：父母养育子女天经地义，父母老了，糊涂了，通过一些方式去约束他们是可取之举。对此我无法理解，回想一下，我们小时候为父母惹过多少麻烦，父母为我们受了多少累，操了多少心，那么假如时光倒流，回到以前，你希望父母以同样的方式来对待你吗？一个人对于父母的自私，是世界上最丑陋的自私。父母老了，如果我们认为他们做得不对，那是因为我们"罩不住"他们，就像我们小时候不管做错了什么，父母都会"罩着"我们一样，所以，给予父母无私的爱，尽全力去爱护他们，是作为儿女最基本的责任。

不求以心换心，但求将心比心

如果这世间有一杆秤，可以称出子女和父母双方在对方心里的重量，我想，一定是父母这一边更沉重。所以，父母不去要求子女做到以心换心，但子女起码要做到将心比心。而遗憾的是，现在的一些子女，恐怕连将心比心都很难做到了。

这么多年，我一直对父母有很深的内疚，为了供我读书，他们吃过的苦，我一辈子都忘不了。记得我刚上大学的时候，父母在工地上打工，一份5毛钱的豆腐汤，两个人要吃一天。母亲在工地上和父亲干一样的活，在十几层高的楼上推着车运沙子、搬砖头。有一次我去工地上去看他们，住在工棚里。工棚里的灯是那种几百度的老灯泡，挂在棚顶离床铺不远的上面，就像一个巨大的探照灯一样，非常刺眼，即使闭上眼睛，眼前也是明晃晃的。父母就是在这样恶劣的环境下不分昼夜地工作着，后来我才知道，母亲为了多赚几十块钱，跑去跟工头商量，晚上有活干一定要安排给她。我能体会到她当时的心情，即使耗尽所有心血，只要能多赚一块钱，她一点力气都不会留。我看到父母这么苦，眼睛在流泪，心里在滴血，我劝父母不要那么辛苦，赚不到学费可以先借一些，等我赚钱了再去还。

……

类似这样的苦，父母吃了太多太多，每当我想起这些，再想想今天我为父母付出了什么，真的很愧疚。我知道，这个世界上除了我的父母，不会有第二个人这样爱我。看到留在他们身体上的病痛，是我用什么都无法弥补的。

多想想父母对我们的付出，哪怕十分换一分，对他们来说已经是极大的满足。我曾经思考过一个问题："人老了之后会变得像个孩子，那是不是为了让我们做儿女的，得到一个真心回报父母的机会？"我们小时候，被父母全心全意地疼爱着，现在我们长大了，父母老了，变得像孩子一样，我们才有机会如当初父母疼爱我们一样去疼爱他们，这才是真正意义上的回

报。所以我觉得这就是所谓的生命轮回，让我们在得到和付出中体会亲情之美，通过孝敬父母完成自我修炼，让我们生活得更有价值。

保护并不是控制

做父母内心世界的保护神，绝不是态度强硬、言语犀利地痛斥，而应是温和劝谏，客观面对他们的错误。父母也会犯错，儿女不能自认为比父母强，就以"教育"的态度控制他们。毕竟父母是长辈，要学会婉转地跟他们讲道理，让他们即可以接受，又不会生气。

古时候，有个孩子叫孙元觉，从小孝顺父母、尊敬长辈，可他父亲对祖父却极不孝顺。一天，他父亲突然把年老病弱的祖父装在筐里，准备送到深山里扔掉。孙元觉拉着父亲，跪下来哭着劝阻，但父亲不为所动。

无奈之下，孙元觉突然想到一个办法，他对父亲说："既然父亲要把祖父扔掉，我也没办法。但我有个要求，务必请父亲把那个筐带回来。"

父亲不解，问："你要筐做什么？"

孙元觉说："等您老了，我也要用它把您扔掉。"

父亲心头一震，吃惊地问："你怎么能说出这种话？"

孙元觉回答："父亲怎样对待祖父，我就会怎样对待父亲。"

听完孙元觉的这句话，父亲大悟，赶紧把老人带回家好好照顾。

孔子讲："事父母几谏，见志不从，又敬不违，劳而不怨。"这段话是说即儿女在行孝的过程中，一定会看到父母做得不对的地方，这个时候，要用一些智慧的做法软言相劝，如果父母不采纳我们的意见，还是要对他们毕恭毕敬，以诚恳的态度感动他们，而不能因为接受不了这种错误，就丢弃了自己的孝心。

念亲恩

和父母打交道要像对待孩子一样，要"哄着"他们。

"罩着"父母不等于"罩住"父母，"罩着"是让他们感到安全，"罩住"是他们受到了控制。

父母对我们付出了100%，我们回报他们的还不到10%。如果我们做不到以心换心，起码要做到将心比心。

孝心孝心，孝的是父母的"心"。做父母内心世界的保护神，就像我们小时候渴望得到他们的保护一样。

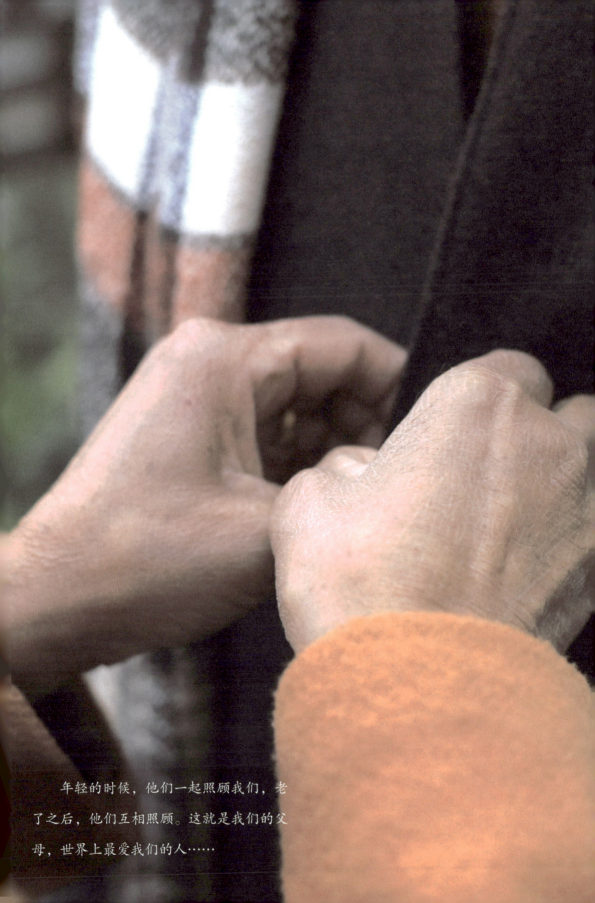

年轻的时候，他们一起照顾我们，老了之后，他们互相照顾。这就是我们的父母，世界上最爱我们的人……

第15章

以循环的爱温暖父母的心

我们要培养和父母的亲密关系，培养有孝心的后一代。

为何儿女对父母要求越来越多，父母对儿女的要求越来越少？伟大的爱需要平衡，平衡不光是个人感情、家庭关系，平衡还应有孝道文化。

子对于父母，应负最重大最永之债，当思所以偿之。

——布列滔

我们不得不承认，相较于过去，今天的人们对于孝道文化的认识，大不如以前。原因究竟出在哪里我们不去深究，我们只是从一些现象上来看这个问题，在大部分人的一些行为上获得启发，照见自己的不足，进而向积极的方面做出改变，起到引领好家风的作用。

过去，都在比谁更孝敬父母，现在，都在比谁更疼爱子女；

过去，有好东西要献给父母，现在，有好的东西要留给子女；

过去，人以孝敬父母为荣，现在，人以宠爱子女出名；

过去，老人是一家之主，现在，子女说一不二；

过去，老人是家里的宝贝，现在，老人被看成了累赘；

过去，子女打拼是为了让父母享福，现在，父母打拼是为了让子女享福；

过去，人们把"孝"字刻在石头上，现在，人们把"孝"字写在沙滩上；

……

过去和现在变得"极大不同"，主要体现在父母和子女的观念上。

从现状中看清自己

有这样一个故事：有人问上帝："天堂和地狱有什么区别？"上帝先带着他去看地狱。他跟随着上帝进入一个房间，看到里面有一个一米多宽，十几米长的桌子，上面摆满了各种食物，周围坐满了人，每个人都面黄肌瘦，一看就是被饿了很久的样子。此人感到很奇怪，为什么他们不吃桌子上的食物呢？只见这些人每人手里拿着一双长长的筷子，他们一直在努力把夹起来的食物送到自己的嘴里，可是由于筷子太长，没有一个人能做到。所以这个房间里的人都活得非常痛苦，明明眼前有很多食物，却只能眼睁睁地看着，最后被饿死。

他又对上帝说："地狱太残忍了，我可以去看看天堂吗？"上帝带着他来到隔壁的房间，看到的是同样的景象："一个一米多宽，十几米长的桌子上摆满了食物，周围坐满了人。"不同的是，这里的人，每个人都一脸喜悦，相互关照，把桌子上的食物用长长的筷子喂到对方嘴里，大家尽情享受着各式各样的美味，而且人与人之间也非常开心。

我们常说："你如何对待别人，别人就会如何对待你。

孝是人类的传承，孝道文化是我们必须弘扬的家风。

两家人后院各有一棵果树，搬过来的前两年，果树都长满了果子。几年后，其中一家人的果树开始枯萎，果树的主人看到自己家的果树不如邻居的好，就抱怨果树的问题……

每年到收果子的时候，看到邻居一家人有说有笑一起采果子，他就想把自己家的果树砍掉。

住在两家人旁边的老头是个明眼人，他对拿着斧子准备砍树的人说："你只看到人家年年采果，却没看不到事情的因果。壤树要土壤根，养人要养人心。今天你把果树砍了，你还能收获吗？但如果你勤劳，全家人团结一心，我相信果树是会让你有收获的。"老人还说："你看，邻居一家三代人其乐融融，家里人对家中的果树，春天浇水，夏天施肥，用心呵护，细致入微。而你呢，从未想过付出，倘若全家人对果树加以爱护，何愁果树不结果呢。"

家讲求的是互相给予的关系，如果各方都想着自己，就会慢慢脱离这个整体。所以，如果你真的想做一个孝顺的人，通过"地狱和天堂里的人"还有"家里的果树"，应该得到启发，看清现状和自己。

感恩让爱变得紧密

一个人对父母的态度反映了他的孝心。

人需要有感恩之心，行孝本身即是付出和回报。亲人之间，若缺少了感恩，就会进入一种抱怨的负面能量里，双方的内心由于不平衡，于是互有隔阂，慢慢疏远。

为什么有的人内心没有安全感，不安定，从孝道的角度讲，很重要的一个原因是他与父母的关系"断层"了，因此爱的能量不能在这层关系里正常循环。子女与父母本是一脉相承，子女在被父母养育成人的过程中，内心跟父母产生了很深的链接，如果受到一些因素的影响，这层关系疏远了，或者是断了，内心当中会产生一种分离感。就像刚出生的小孩脱离母体一样，会感到很不安全，需要通过贴近母亲，获得母爱来重新建立紧密的连接。也就是说，为什么子女长大成人之后已经独立了，却依然渴望依偎在父母的关怀里。很多人年龄越大，渴望父爱和母爱的欲望越强，越希望老了以后能够落叶归根，回到父母身边。这就是我们说的一种爱的能量的循环，从无到有，若远若近的一种表现。

除了关系"断层"，比较常见的是子女对父母不孝，使这层关系产生了"逆流"。水顺流而下，我们称之为自然流淌，水一旦形成逆流，一定是哪里出现了阻碍。有些人好像很孝顺父母，但在他心里并没有多么重视和父母的关系，更有可能，在他的潜意识里，对父母还存有很强烈的抗拒。古人讲儿女子孙不能断了祖先的福脉。换种说法，一个人对父母不孝，就好像小树连不上大根，长不大就枯萎了。同样的道理，与大树根链接的越紧密，生命力就越强，被托起的力量就越能够得以体现。

我们为什么要践行孝道呢？因为践行孝道就是发扬传统美德。首先要从子女做起。懂得感恩是践行孝道的核心，而由于感恩也会得到许多收获。

感恩父母的五个层面

第一个层面：正确面对感恩。

正确面对感恩是指你首先要明白感恩父母的重要性，它不只是一种报答父母的行为，更是让自己生命绽放的行为。而且，在感恩父母的过程中，不光是感恩他们对你的好，还要感恩他们对你的"不好"。比如有的人提到小时候父母很疼他，会很感恩，但是一提到小时候父母对他管教严格，就非常气愤。这不是真正意义上的感恩。真正意义上的感恩是感恩父母给子女一切，包括那些我们认为"不好"的行为。

父母给了我们生命，无论怎样，都要对其心怀感恩。

第二个层面：体会父母的艰辛与不易。

子女要换位思考，站在对方的角度，体会父母为你付出背后的艰辛与不易。上大学的时候我去工地上看父母，切身体会到了他们的艰辛和不易，包括一直以来他们所承受的各种压力，由于我完全体会到了，所以我才告诉自己必须要感恩父母。而有些人对父母的辛苦无动于衷，很重要的一个原因是他们根本体会不到父母的艰辛与不易。所以当一个人认为父母为自己付出是理所应当的时候，他永远不知道感恩。

只有体会到父母的艰辛与不易，你的内心当中才会产生感恩的想法。而父母的这些艰辛和不易不只是把你抚养成人过程中所承受的压力，还有母亲十月怀胎之苦、父亲在产房前担心

之苦……所以，如果你真的能够体会到这些问题，你就会上升到感恩父母的第二个层面。此时，你会更加珍惜和父母在一起的时间，在与父母相处的时候不仅不会不耐烦，同时更不会怀有"不在乎"的心态。

第三个层面：用行动表达感恩。

光是有感恩的想法还不行，还要有感恩的行动。儿女明白了很多感恩的道理，学会了很多行孝的方法，却没有将其表达出来，就是一种"不作为"。所以，不要只是把感恩放在心里，总想着我心里有父母就够了。子女一定要做感恩的事，行动起来。

第四个层面：有想法就要立刻行动。

"树欲静而风不止，子欲养而亲不待。"世间什么都可以等，就是感恩和孝顺不能等。你要去思考，在父母身上，有哪些方面你现在就要去感恩他们。想一想，你小时候穿过的衣服都是父母给你洗，你今天有对此去感恩他们吗？父母为了你省吃俭用，把好的东西都留给你，你有对此去感恩他们吗？在你生病的时候，父母不辞劳苦照顾你，你有对此去感恩他们吗？如果以上这些问题你都没有做到，那么你还要继续等下去吗？所以，立刻行动起来，尽自己所能马上去感恩他们呢？

第五个层面：主动创造机会感恩。

等待得到的往往只有遗憾，唯有创造机会才会拥有更多。如果我们总想着以后还有机会，那么这些机会可能永远都不会再来。不要认为感恩父母是一件多么难的事，需要你做多么充分的准备，真正的感恩不是刻意为之，真正的感恩是顺其自然。生活中，每天都会有感恩父母的机会，只看你愿不愿意去创造。所以，给父母打一个电话，为父母做一顿饭，带上父母去旅游，这些事情对于子女来说并非有多难，很多子女也不是没有做这件事情的条件，而是他们对此缺少主动性，让很多感恩父母的机会随时间流走。

人往往有一种习惯：在将要失去的时候才追悔莫及。这个习惯经常出现在孝敬父母这件事情上。所以主动创造机会，感恩父母，千万不要让等待成为遗憾。

念亲恩

感恩是让爱更紧密，让爱循环更有效的做法。一个懂得感恩的人，他才会去孝敬父母。

今天，人的自私是传承孝道最大的挑战。

得到的反面是付出，付出的反面是得到。得到和付出是相互的，只有奉献，维护关系才会稳定而持久。

以循环的爱温暖父母的心，未来才会有孩子来温暖我们。

父母握着的手，让我又一次看到了今天我所拥有的一切，我的成功是靠他们牺牲自我换来的。

尾 声

行天下，莫忘父母之恩

中国有句俗话："儿行千里母担忧。"千万不要把父母对我们的爱和付出视为理所当然。换位思考一下，儿女可能时常会感到生活的压力，但却从未想过把这些压力跟父母联系起来。曾经，父母也是顶着同样的压力，为了让我们吃穿、学习和不落后于他人付出所有的努力，父母尽量满足子女，他们不吝啬，再苦再累也毫无怨言。如果说，世界上有一样东西可以换来儿女的幸福，父母会义无反顾地去换取，甚至愿意付出自己的生命。而我们呢？

父母养育子女不求有功但求无过。尽管今天的子女有所事成，尽管子女所获得的一切成就都离不开父母的辛勤付出，但是在面对这些成就的时候，很多子女不认为自己获得成就与父母有关。但父母对子女的不孝敬并无二话，他们认为付出是自己应尽的责任，只要不给儿女添麻烦，只要儿女快乐，他们便心满意足。

站在父母的角度，付出是不需要回报的。站在儿女的角度，却不能这样认为。曾经有一个儿子在父亲去世的时候说过这样一句话："我的天塌了，我再也没有父亲了！"对于儿女，父母是子女最大的依靠，是生命之源和生命之根，"父母在，家就在"，表达了人们内心深处对于家庭的感情和对于家庭的依赖。

　　人总是会犯一个错误，那就是等到失去了才想要珍惜。在孝敬父母这件事情上，我们常常会见到有类似的事情发生。想一想，我们小时候生病了，是谁把我们抱在怀中急得一直流泪，一夜未眠也不会有些许放松？是谁，在寒冷的冬天用冰冷的水为我们洗衣做饭？到今天，我们有没有握着母亲的手，说一句："妈！您辛苦了！"曾经，父亲像一座山支撑着这个家，他虽然话很少，却毫无怨言地扛起了一家人的未来，在你每一次进步的时候，他都会给你一个最真诚的笑容，而你却还没有看着父亲的眼睛，认真地对他说一句："爸！您辛苦了！"

　　不要让对父母的感恩搁浅在沙滩上，不能因为离开家、离开了父母就忘记对他们的关爱。父母的爱像大海一样拥抱着我们，尽管我们今天已成为一艘可以远航的大船，或者是一艘漂泊在茫茫人海中的小舟，父母的爱一直都陪在我们身边。不管我们走多远，都不要忘记家中的父母，不管我们多么强大，都离不开父爱和母爱的承载。时刻不忘孝父母、孝长辈、孝祖宗，人生的路才会越走越顺，所取得的成就才会越来越高。

人之初，性本善。知恩图报是中华传统的美德之一，何况父母的养育之恩，更是儿女此生无以回报的。中国著名男高音歌唱家、国家一级演员刘和刚有一首名为《儿行千里母担忧》的歌曲，他唱出了父母的心愿，更唱出了儿女的心声。文章最后，我把这首歌的歌词摘录在下面。希望这首令人感动的歌，能够唤起更多儿女孝敬父母的急切之心。儿女们不论志在何方，心中都要牵挂父母，无论身处何地，都不能忘记行孝报恩。

歌曲《儿行千里母担忧》

衣裳再添几件，

饭菜多吃几口，

出门在外没有妈熬的小米粥。

一会儿看看脸，

一会儿摸摸手，

一会儿又把嘱咐的话，装进儿的兜。

如今要到了离开家的时候，

才理解儿行千里母担忧。

千里的路啊，我还一步没走，

就看见泪水在妈妈眼里妈妈眼里流，

妈妈眼里流。

替儿再擦擦鞋，

为儿再缝缝扣。

儿行千里揪着妈妈的心头肉。

一会儿忙忙前，一会儿忙忙后，

一会儿又把想起的事，塞进儿的兜。

如今要到了离开家的时候，

才理解儿行千里母担忧。

千里的路啊，我还一步没走，

就看见泪水在妈妈眼里妈妈眼里流，

妈妈眼里流。

如今要到了离开家的时候，

才理解儿行千里母担忧。

千里的路啊，我还一步没走，

就看见泪水在妈妈眼里妈妈眼里流，

妈妈眼里流。

献给天下父母的一份礼物

很早以前我便萌生出书的想法，到今天本书面世，心中怀着激动的心情，把关于行孝的精彩内容分享给大家，为的是让更多的读者能够发掘自己的"两颗心"，一颗是对父母的"孝心"，一颗是对天下父母的"爱心"。

在写这本书的过程中，我曾多次问自己一个问题："我为什么要写这本书？"我得到的回答是："因为父母的爱和他们持续不断地关怀！"一直以来，我都是一个被父爱和母爱怀抱着的人，随着这种爱的不断积累，使我深刻地认识到，一个人，不管他的成就有多高，财富有多大，孝心，都是成长和成功道路上的第一步。一个拥有高尚人格的人，一个有大作为的人，永远都会把一个字刻在自己的心上，那就是"孝"。

尽孝的方式有很多种，有"小孝"，也有"大孝"，此方面的内容我在书里都有讲到。人，都是从"小孝"开始，慢慢才走向"大孝"的。一个人从孝敬自己的父母到孝敬天下之父母，不仅是一种感恩的行为，还是一种传承孝道文化的作为。

我写这本书，不是说我在尽孝方面做得有多好，而是我从父母给我带来的感动中得到启发，在感恩父母的同时，希望能够在传播孝道文化这件事情上起到一些积极的作用。

有人问我为什么要出这本书？我的想法是，通过《孝行天下》这本书，能够让一些在行孝方面做得很好的人获得启发，不仅做孝道文化的传承者，更要做孝道文化的传播者，去影响那些做得不是很好的人。另外，我发现社会上还有这样一些人，他们有孝心，想尽孝，但是不知道"为何做"、"何为做"、"如何做"。他们在行孝这件事情上遇到很多不解和困惑。所以我希望通过这本书，让他们对行孝有一个新的认识，并且以此书为大家搭建一座桥梁，能够把天下有孝心的人聚集在一起，共同构建一个以传承和传播孝道文化为主要目的的爱心组织，造福他人，成就自己。当然，还有非常重要的一点，也是我写这本书的初衷，我希望本书作为一份"礼物"送给天下的父母。我希望可以用书籍的方式，使儿女们学会读懂父母内心真实的想法，成为万千儿女通往父母内心世界的"心灵地图"，让父母得到发自内心的快乐！

最后，我要再次感谢我的父母，感谢我的家人，感谢我的老师、同学、合作伙伴和所有为传播孝道文化付出努力的人。我会继续坚持自己的使命，不断推出新的作品，把行孝当成一辈子的事业来做，去影响和改变更多人。

郑家军

人人都是孝道文化的传承者

2017年12月15日，我第一次来到嘉兴，这是本书作者郑家军先生生活的城市。

这座城市位于浙江省东北部、长江三角洲杭嘉湖平原腹地，是长三角城市群、上海大都市圈重要城市、杭州都市圈副中心城市。嘉兴建制始于秦，有两千多年人文历史，自古为繁华富庶之地，素有"鱼米之乡"、"丝绸之府"的美誉，是国家历史文化名城、中国文明城市。

嘉兴历史悠久又具有特色的文化，自古人杰地灵，才俊辈出：

中国近代学术史上杰出学者和国际著名学者王国维；

著名音乐家、美术教育家、书法家李叔同；

中国五四新文化运动的先驱者、中国革命文艺的奠基人茅盾；

现代诗人、散文家徐志摩；

作家、翻译家、社会活动家巴金；

美籍华裔数学大师，二十世纪伟大的几何学家陈省身；

而郑家军先生拼搏和为梦想奋斗的地方，也在这里……

　　这一次嘉兴的采访之旅给我留下了深刻的印象，在几天的采访过程中，伴随着一个个生动感人的故事，走进了主人公郑家军和其父母内心的时候，我再一次触碰到了灵魂深处的力量，在兴奋和感动的同时，体会到了什么才是伟大的爱和人生中最宝贵的财富。

　　郑家军先生创业十八年，他对于事业的追求让我感到意外。我采访过几十位企业家，他们都是拥有梦想和使命的人，虽然各有各的不同，但有一点非常一致——都是感恩和孝顺父母之人。而郑家军先生的不同之处在于：他在行孝方面做得更加细致入微，是目前为止我采访的所有企业家当中，唯一把行孝当成一辈子的事业来做的人。

　　在采访过程中，我们聊到了他的梦想，他年幼时的梦想是成为一名医生，但因为一些原因没有走上从医之路，于是走上了守护食品健康的行业。

　　郑家军曾说："只怕时间太少，很多事情来不及去做！食品安全不同于其他行业，我们的每一次进步，都关系到成千上万中国人的健康。我们必须把好这一道关，而把好这一道关不只是拥有专业的团队、先进的技术，更要考验一个人的使命和决心。"

　　通过对郑家军先生的采访，除了我对孝道文化有了更深的认识之外，更赋予了我把这本书出好的决心。

最后，祝愿郑家军先生的事业更上一层楼，为中国的健康和孝道文化的传播做出更大的贡献，同时也祝愿其父母和天下父母，身体健康，享受天伦之乐！

北京明哲双百营销策划公司总经理、本书策划

韩明哲